世界科普巨匠经典译丛·第一辑

INTERESTING
PHYSICS SEQUEL

趣味
物理学续编

（苏）别莱利曼 ／著　　张凤鸣　姚焕春 ／译

上海科学普及出版社

图书在版编目(CIP)数据

趣味物理学续编/(苏)别莱利曼著;张凤鸣,姚焕春译.—上海:上海科学普及出版社,2013.10(2022.6 重印)

(世界科普巨匠经典译丛·第一辑)

ISBN 978-7-5427-5825-5

Ⅰ.①趣… Ⅱ.①别… ②张… ③姚… Ⅲ.①物理学—普及读物Ⅳ.① O4-49

中国版本图书馆 CIP 数据核字(2013)第 173878 号

责任编辑:李 蕾

世界科普巨匠经典译丛·第一辑

趣味物理学续编

(苏)别莱利曼 著 张凤鸣 姚焕春 译

上海科学普及出版社出版发行

(上海中山北路 832 号 邮编 200070)

http://www.pspsh.com

各地新华书店经销 三河市华晨印务有限公司印刷

开本 787×1092 1/12 印张 20 字数 240 千字

2013 年 10 月第 1 版 2022 年 6 月第 3 次印刷

ISBN 978-7-5427-5825-5 定价:39.80 元

本书如有缺页、错装或坏损等严重质量问题
请向出版社联系调换

目录 CONTENTS

第1章 力学的基本定律

1.1 最廉价的旅行 …… 2
1.2 地球，请停止转动 …… 3
1.3 从飞机上坠落的信件 …… 6
1.4 投弹 …… 7
1.5 运动的火车道 …… 8
1.6 活动人行道 …… 10
1.7 最难理解的定律 …… 11
1.8 一位大力士的死亡之谜 …… 12
1.9 物体失去了支撑还能运动吗？…… 13
1.10 火箭为什么会飞？…… 14
1.11 乌贼的运动 …… 17
1.12 火箭载着我们去星球 …… 17

第2章 力·功·摩擦

2.1 天鹅、龙虾和梭鱼的关系 …… 20
2.2 与克雷洛夫的观点相反 …… 21
2.3 蛋壳易碎吗？…… 23
2.4 逆风中的船只 …… 25
2.5 爱吹牛的阿基米德 …… 26
2.6 儒勒·凡尔纳的大力士与欧拉的公式 …… 28

2.7 牢固的结 …… 30
2.8 摩擦消失了 …… 31
2.9 "切留斯金"号失事的物理原因 …… 33
2.10 平衡的木棒 …… 35

第3章 圆周运动

3.1 一直旋转的陀螺 …… 38
3.2 令人吃惊的魔术 …… 39
3.3 哥伦布问题的答案 …… 41
3.4 消失的重力 …… 42
3.5 你也可以成为伽利略 …… 44
3.6 争论 …… 46
3.7 争论结束了 …… 47
3.8 "魔球"的奥秘 …… 47
3.9 液体望远镜 …… 51
3.10 "魔环" …… 51
3.11 杂技中的数学 …… 52
3.12 聪明的商人 …… 55

第4章 万有引力

4.1 很小的引力 …… 58
4.2 地球与太阳之间的钢索 …… 60
4.3 能摆脱万有引力吗 …… 61

目录

4.4	威尔斯小说中的主人公是怎样成功登月的?	62
4.5	月球上的30分钟	63
4.6	月球上的射击	65
4.7	无底洞	66
4.8	神奇的道路	68
4.9	隧道是怎样挖成的?	70

第5章 乘着炮弹去旅行

5.1	牛顿山	72
5.2	想象中的炮弹	73
5.3	致命的帽子	74
5.4	减慢炮弹的速度	75
5.5	致数学爱好者们	75

第6章 液体和气体

6.1	死海之谜	78
6.2	破冰船是怎样工作的?	80
6.3	船沉到哪里去了?	82
6.4	儒勒·凡尔纳和威尔斯的幻想是如何实现的?	84

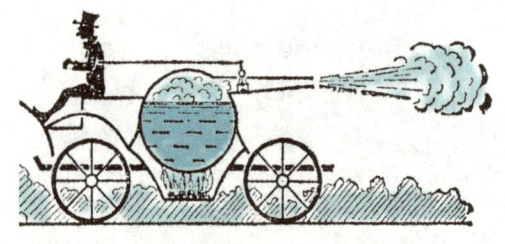

6.5	"萨特阔"号打捞记	86
6.6	水力"永动机"	87
6.7	"气体"、"大气"等词语的由来	90
6.8	看似简单的运算	91
6.9	水槽的问题	92
6.10	一个奇怪的容器	93
6.11	空气的压力	94
6.12	新式希罗喷泉	97
6.13	骗人的杯子	99
6.14	底朝天的水杯中的水有多重?	100
6.15	相互吸引的轮船	101
6.16	伯努利原理及其效应	104
6.17	鱼鳔的作用	106
6.18	波浪与旋风	108
6.19	去地心旅行	111
6.20	想象和数学	113
6.21	在深矿井里	115
6.22	乘平流层气球上升	117

第7章 热的现象

7.1	扇子	120
7.2	为什么有风的时候会更冷?	120

7.3	沙漠的热风	121
7.4	面纱能否保温	122
7.5	冷水瓶	122
7.6	不用冰的"冰箱"	124
7.7	我们能承受多高的热?	124
7.8	是温度计还是气压计	125
7.9	煤油灯上的玻璃罩有何用?	126
7.10	火焰为什么不会自己熄灭	127
7.11	儒勒·凡尔纳小说里漏写的一段	128
7.12	失重厨房里的早餐	128
7.13	火为何会被水浇灭	132
7.14	用火去灭火的方法	133
7.15	用沸水烧水行不行	135
7.16	雪可不可以把水烧至沸腾	136
7.17	气压计汤	138
7.18	沸水的温度总是那样高吗?	139
7.19	"烫手"的"冰"	141
7.20	煤同样可以"取冷"	142
7.21	小鸭饮水	143

第8章 电与磁

8.1	磁石与慈石	146
8.2	关于指南针的讨论	147
8.3	磁力线	147
8.4	钢如何被磁化	149
8.5	电磁起重机	150
8.6	魔术磁铁	152
8.7	农业上的电磁除草	153
8.8	靠磁力飞行的飞机	153
8.9	穆罕默德的棺材	155
8.10	电磁铁路	157
8.11	磁铁山的故事	158
8.12	磁力防御	160
8.13	永动机的磁力应用	161
8.14	给书充电	163
8.15	电不到的鸟儿	163
8.16	闪电下的景致	165
8.17	闪电怎么买卖	165
8.18	屋子里的喷泉	167

第9章 光的反射、折射、视觉效应

9.1	图像集合	170

9.2	对日光的利用	171
9.3	隐身帽	173
9.4	看不到的人	174
9.5	隐身人的将来	177
9.6	透明的标本	178
9.7	其他的人可以被隐形人看到吗?	179
9.8	保护色	180
9.9	颜色保护	181
9.10	人眼的水下视力	182
9.11	潜水镜	183
9.12	水下的放大镜	184
9.13	水变浅了	185
9.14	会隐身的别针	187
9.15	在水下观察到的世界	189
9.16	水底颜色	193
9.17	眼睛看不到的地方	194
9.18	月亮的大小	196
9.19	天体的视角大小	198
9.20	爱伦·坡的故事	201
9.21	显微镜为什么能够放大?	203
9.22	视觉上的错觉	206
9.23	服装与错觉	207
9.24	谁更大?	208

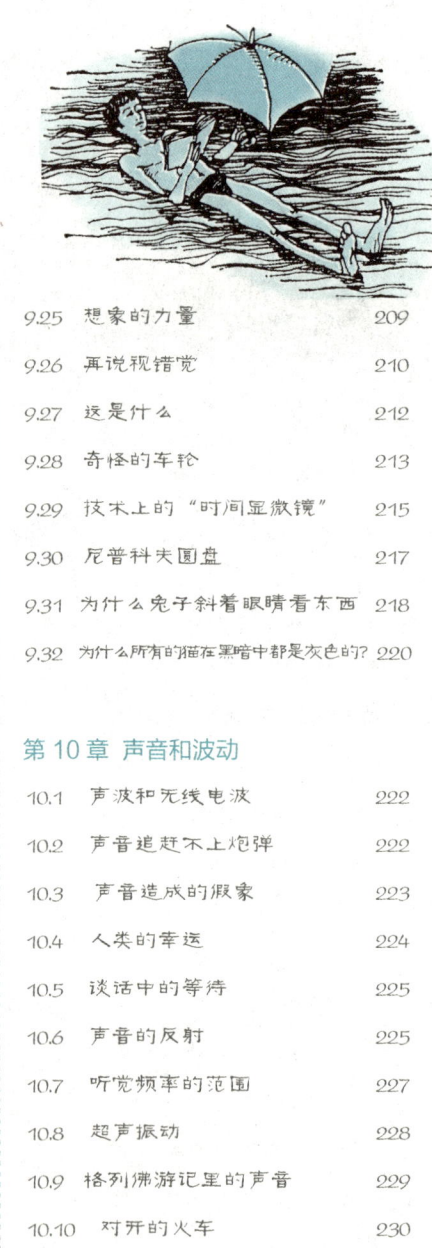

9.25	想象的力量	209
9.26	再说视错觉	210
9.27	这是什么	212
9.28	奇怪的车轮	213
9.29	技术上的"时间显微镜"	215
9.30	尼普科夫圆盘	217
9.31	为什么兔子斜着眼睛看东西	218
9.32	为什么所有的猫在黑暗中都是灰色的?	220

第10章 声音和波动

10.1	声波和无线电波	222
10.2	声音追赶不上炮弹	222
10.3	声音造成的假象	223
10.4	人类的幸运	224
10.5	谈话中的等待	225
10.6	声音的反射	225
10.7	听觉频率的范围	227
10.8	超声振动	228
10.9	格列佛游记里的声音	229
10.10	对开的火车	230
10.11	汽笛的乐音	231
10.12	多普勒现象	232
10.13	一笔罚金的故事	233

第1章

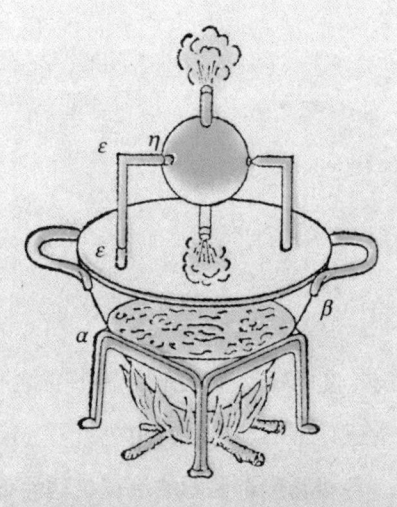

力学的基本定律

1.1 最廉价的旅行

在17世纪的法国，有一位名叫西拉诺·德·别尔热拉克的作家，他曾经写过一本书名为《月国史话》（1652年）的讽刺小说。在这本书里，提到了一件极具传奇色彩的事情，这件事情就仿佛是他亲身经历过的。有一回，在他做物理实验的过程中，居然无缘无故地和他的玻璃瓶一起腾空而起，几个小时之后，他的双脚重新着陆。令人不可思议的是，他发现自己已经置身于北美洲的加拿大了！此时他才恍然大悟，原来他已经远离了祖国法兰西、远离了欧洲。

但令人费解的是，对于这次莫名其妙的跨洋飞行，这位法国作家，竟然一点也不奇怪，甚至还觉得是理所当然的事情。他是这样自圆其说的：一个身不由己的旅行家，离开地球表面时，地球这颗行星，是不可能为哪个人而停留的，仍然在自西向东不停转动，所以，当他再次落地时，自然就远离了欧洲的法兰西，站在北美洲的土地上了。

由此可见，这种旅行方法，真的是既简捷而又廉价呀！我们要做的，只是让自己暂时离开地球的表面，然后在地球的上空停留几分钟，这样你就会在遥远的西方落地。用这种方式来旅行，就摆脱了跨越海洋、跋山涉水的劳顿之苦了，只需要置身于地球的上空，静静等待，到时，地球就能把目的地亲自呈现在旅行家面前。

可是这只是一个幻想，这种奇异的方法不能真的用来旅行。这是因为：

第一，我们将身体暂时搁置在空中，其实根本就没有脱离地球的掌心，我们悬在地球表面的大气里，依然随着地球的自转运动着，大气外壳和我们的身体依旧密切相关。地球下层空气的密度相对较大，正是这层空气拥抱着那些美丽的云朵、先进的飞行器、各类飞禽走兽和昆虫等，随着地球的自转一起运动。我们假设，空气不会随着地球转动，这样我们在地球上站立不动，也会感到有大风刮过，而且这种风，会比那些让人最恐惧的飓风还要猛烈。当然，这和我们纹丝不动地站着，让空气流经我们身旁，或反之，空气不流动，我们在空气里向前狂奔一样；上面这两种情形，我们都会觉得风很强烈。摩托车运动员，在一个没有风的日子，以每小时100千米的速度前进，他会有逆风很大的感觉。

第二，假设我们能够远离地球表面，到达大气高层，也可以假设地球外面的大气层消失了，即便如此，这个被法兰西讽刺小说家假想出来的廉价旅行方法，仍然不适用。其实，即便我们脱离不停旋转的地表，身体会受到惯性的作用，仍然以同样的速度和方向运动；换句话说也就是，我们的运动速度，与地球的运动速度仍然一样。因而，我们的降落地仍就是我们的出发地。（图1-1）这就如同我们在极速行驶的列车里纵身上跳，但还是会落在起跳的地方一样。是的，我们会沿着切线作直线运动，这来自于惯性。地球在我们的脚下自转，但是短暂的时间是不会产生什么影响的。

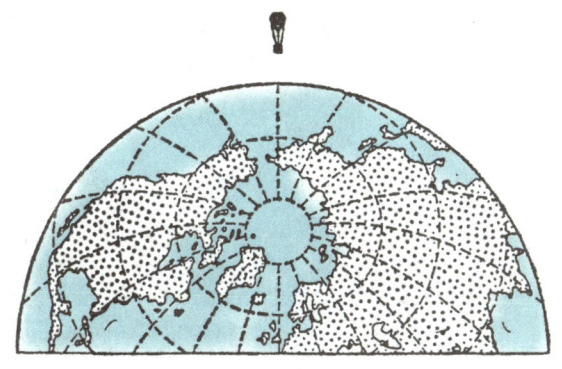

图1-1 在气球上能否观察到地球的运动

地球，请停止转动

威尔斯是英国的一名作家，他曾经写过一篇幻想小说，在这篇小说的内容里，讲述了一位业务员创造奇迹的过程。这个业务员生性有些愚钝，却具有一

种奇怪的特异功能。无论他想要什么，只要大声说出来，这件物品就会立刻呈现在眼前。可是，这种特异功能，没有一点好处，却给他和身边的人们带来了意想不到的麻烦。这篇小说结尾的部分，对我们有很深的启迪——

有一次，用完晚宴后，已经是深夜了，这位工作人员唯恐天亮之前赶不到家，于是就想利用自己的特异功能，让白天晚点到来。如何是好呢？应该让星球全部静止。这位业务员犹豫了一下，没有马上去做这件惊天动地的事。可是他的朋友们却不依不饶，想让他把运动着的月亮停下来。"月亮离我们太远了，让它停下来不现实，你们说呢？"此刻，业务员望着天边的月亮，若有所思地说道。

"不妨一试好吗？就算月亮不能停下来，你也可以叫地球停止转动，我觉得这样做，对任何人的利益都不会有损坏吧！"梅迪阁劝解说。

"好，那我就试一下。"福铁林说道。

只见，他摆好姿势，伸出双手，严肃地高声命令道："地球，我命令你——停止转动！"

话音未落，他和身边的那些朋友们一同腾空而起，速度快极了，每分钟要上升几十英里。

即便如此，他的头脑还没有完全混乱，在不到一秒钟的时间里，他就想出了一个关于自己的新愿望，然后说道："不管发生什么事情，我都不能死去，千万不要遇难！"

幸亏他把这个新愿望及时说了出来，只过了几秒钟，他就落地了。但是他发现自己降落的地方好像刚刚火山喷发过一样，那些小石头、损毁的建筑碎块、各式各样的金属制品等，不断地在他身旁飞过，幸运的是，他没有被这些东西砸到；一头牛，在他面前飞过，撞在地上，立刻就粉身碎骨了。大风呼啸着，他只能低着头，周围的一切更是无暇顾及了。

他高声叫嚷着："太不可思议了，这到底是怎么回事？从哪里来的狂风呀？不会是我做错了事情才引起的吧。"

狂风还在刮着，他透过被风吹起的衣缝环顾四周，然后接着说："月亮仍然挂在原来的位置上，天空的一切也都井然有序。可是，城市、房子、还有那些街道都去了哪里呀？又是从哪里来的风呢？我从来没有呼唤过呀。"

福铁林试图站起身来，可是无论怎么努力都无法做到，因此他只好借助落地的石块和凹凸不平的土地向前蠕动。但是却无处藏身了，因为他通过被大风裹在头上的衣服间隙向外张望，四周全都是废墟。

"是不是天上的某种东西被损毁了，"他猜测着，"但到底是哪种东西呢，真是摸不着头脑。"

实际上，这里的一切都被破坏了。房子、树木以及所有的生物都不见了。在漫天的尘埃中，看到的也只是那些凌乱不堪的残垣断壁，以及散落身旁的各种碎片的轮廓。

福铁林作为整个事件的罪魁祸首，却不明白其中的道理。其实，这个事件的原理并不复杂：他让地球突然停下来，就在做圆周运动的地球猛然停止的一瞬间，由于惯性的作用，地面上的物体都被抛了起来。这就是那些与地球自身没有特定关联的东西如房子、树木、飞禽走兽等等，都要以地球表面的某条切线为方向，飞速前进，等再次落地时，已经撞得粉身碎骨了。

当然啦，福铁林也明白，他创造的这个奇迹简直太失败了，所以，他对自己亲手造成的这个奇迹深恶痛绝，决定今后再也不犯这样的错误了。这次受灾的面积很大，福铁林想尽力挽回这场灾难。此刻，狂风大作，刮起的尘土遮住了夜空，一丝月光也看不到。他听到了洪水的咆哮声，由远及近，越来越清晰，借着闪电的亮光，他看到漫天的洪水像离弦的箭一样，朝着他冲过来。

此刻，福铁林拿定主意，朝着洪水大喊：

"停下！禁止前行！"紧接着他又向狂风和雷、电下达了相同的命令。

万物都安宁了。

于是，福铁林蹲下身子，思考着。

"千万不能让类似的事情再发生了，"他经过认真思考之后，说："首先，我下面说的几个愿望达成之后，请让我失去这些特异功能，我不想再创造这些危险的奇迹了，我要做个普通人。其次，请让城市、房子、居民，以及我自己回到从前的模样吧。"

1.3 从飞机上坠落的信件

假如一架飞机正在空中翱翔，你恰巧在这架飞机里。下面就是你最熟悉的城市。此时，你将要在你朋友的房屋上空飞过。你突发奇想，"如果能够问候他一下，该有多好。"想到这里，你拿出便签纸，在上面迅速写了几个字，然后拿出一个小石块，把这张写了字的纸绑在石块上，待到飞机正好到达这座房屋上空时，把绑着纸条的石块扔下去。

此时，你认为朋友一定会在自家的庭院里，收到你的问候。但令人想不到的是，飞机虽然在房屋和庭院的正上方，但是扔出的石块并没有垂直降落（图1-2）！

倘若注意观察这个石块降落的过程，你就不难发现：扔出的石块虽然在下降，但是却一直跟随在飞机的下方，就如同飞机上有根看不见的绳子在牵着石块降落，如此一来，这个石块，就要降落在距离这座房屋很远的前方了。

出现在这里的还是前一篇讲到的惯性定律。石块在飞机里，它前进的速度和飞机是相同的，把石块向下抛去，它在下落时，还保持着原来的速度，所以，在石块降落的过程中，还是会依照飞机行驶的方向继续前进。其实，这是竖直运动和水平运动的结合，导致了石块在飞机身下，顺着一条曲线降落（前提是：飞机飞行的速度和方向保持不变）。这个石块的降落，就好比是向水平方抛出的物体，这正如一颗水平发射的子弹，落地时，在空中画出的总是一条弧线。

以上的论述，如果不存在空气阻力的话，是完全成立的。可是，当石块在做竖直运动和水平运动时，确实受到了空气阻力的作用。所以，被抛下的石块，不可能一直停留在飞机正下方，它要比飞机落后些。

飞机飞得越高，飞行的速度越快，降落的石块离竖直线就会越远。飞机在距离地面 1 千米的无风的高空飞行，速度为每小时 1 000 千米，此时，将石块从飞机上抛出，它降落的地方大概在竖直线前面 400 米处。

假如空气的阻力忽略不计，这个运算并不复杂。匀加速运动的公式为：$S=\frac{1}{2}gt^2$，所以 $t=\sqrt{\frac{2S}{g}}$。从而得出，高度为 1 千米时，重物下落的时间为：$\sqrt{\frac{2\times1000}{9.8}}\approx 14$ 秒。在此期间，重物下落的水平方向的速度是：每小时 100 千米，石块水平运动的距离为：$\frac{100\,000}{3\,600}\times 14\approx 390$ 米。

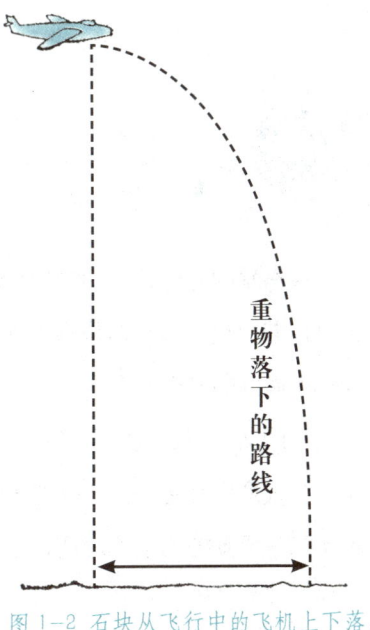

图 1-2 石块从飞行中的飞机上下落，是沿着曲线落地，而并非垂直下落

1.4 投弹

通过上面的叙述，我们不难看出空军中的投弹员们，要让炸弹在指定的地方降落，是一件多么不容易的事情呀：他要对飞机的速度、炸弹在空气中降落的必备因素和风速等，作全面的考虑。图 1-3 画的是炸弹从飞机上落下，不同因素的干扰致使降落的路线也不同。不刮风的时候，炸弹会沿 AF 曲线降落，原因上文已经表达的很清楚了。假如是顺风，风会把炸弹向前吹，炸弹会沿 AG 曲线降落。如果是很小的逆风，并且上层大气和下层大气里的风向相同，炸弹就会沿 AD 曲线降落。正常情况下，上下层的风向是相反的（上层为逆风，下层为顺风）这样一来，炸弹就要沿着 AE 曲线降落了。

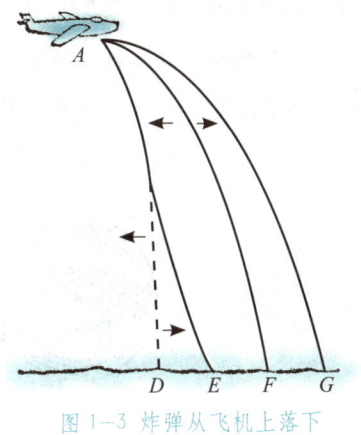

图 1-3 炸弹从飞机上落下

1.5 运动的火车道

火车站的月台是不动的。如果你在月台上站着，一列快车在身旁疾驰而过，此时你若想跳上火车，是相当困难的。当然，我们可以设想另外一种情形：假如你所站立的月台和火车一样，用同样的速度向同一个方向行进。如果你再想上火车的话，不是就容易了吗？

简直是太容易了。此时的火车就如同停下来一样，你可以稳稳当当地走进去。唯一要具备的条件就是，你和火车前进的速度和方向必须相同，这样在你看来，火车并没有行驶。当然啦，火车的轮子的确在转动，可你却感觉它在原地踏步。在物理学上，我们肉眼看起来没有运动的物体（比方说火车停在站内），其实和我们一样以地轴为轴自西向东旋转着，同时又在绕着太阳公转。只是我们日常生活中，这一类的运动对我们毫无影响，所以没有人理会。

建造这样的火车站，对我们来说是没有问题的，火车在站内经过，不用减速，乘客就能自由地上下车。

通常情况下，这样的设备只在展览中才会用到。使游客能方便快捷地来欣赏展会的展品。就算火车的速度再快，游客们也不会为上下车而烦恼。

这种构造是非常有意思的，由图1-4可见，在展会的两端分别设有A车站和B车站，每个车站的中央，都设有一个固定不动的圆形场子，围绕着场子的

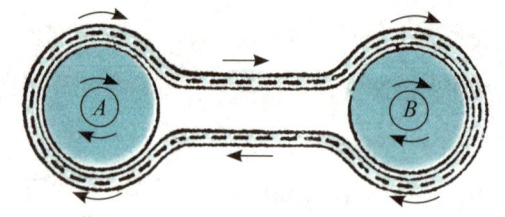

图1-4 位于A、B两个站之间运动火车道的构造图

是一个大转盘，每个转盘的外缘都安装着一圈锁链，这是用来悬挂参观用的车厢的。此时，让我们来转动转盘，转盘外缘的速度与游览车车厢行驶的速度是相同的；所以游客能够轻松自如地上、下游览车，还不必担心自身的安全。从游览车上下来后，游客们走向转盘的中心，直至到达那个不动的圆形场子。从转盘的最内侧走到场子里就很容易了：这是由于转盘的内侧半径非常短，因此它的圆周线速度很慢[1]。游客走到这个圆形的场子里，再通过一座小桥就走到车站外面了。

火车若要停靠的话，就会浪费很多能源和时间。就拿城市里运行的电车来说吧，进站前的减速行驶[2]，和离站前的加速运动，大概会消耗全程$\frac{2}{3}$的电能，大部分的时间也都用在了这方面。

火车站里的月台即便是不能移动的，旅客们在火车行驶的过程中上、下车也不会受到限制。比方说，在一个普通的火车站里，一列快车由此经过；我们想让旅客在火车行驶时进入车厢。（图1-5）首先，我们让旅客走进并行轨道上的另外一列火车，然后我们来开动它，并不断加速，直到和前面那列快车的速度相同。等到两列火车齐头并进时，我们再来观察这两列火车，它们仿佛都停下来了。最后，只需要在两列车的车厢之间搭上跳板，让旅客顺利地进入快车的车厢。用这种方法，到站的列车就不必再停下来了。

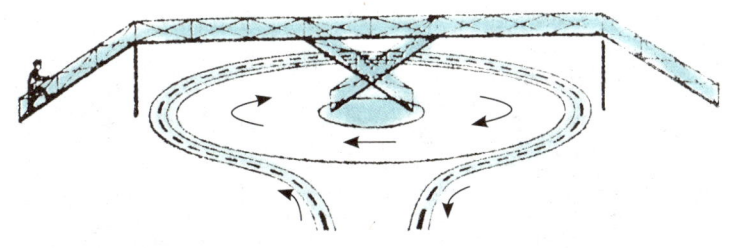

图1-5 运动的车站

---

[1] 这是很明显的道理：转盘在转动时，它内缘点的线速度要比外缘点的小得多，因为在同一时间里缘点的圆周运动的距离比外缘点的要短得多。

[2] 可以通过以下方法避免刹车造成的能耗：刹车时将车上的电动机转换为发电机，将发出的电流输回电网。这样电车行驶的能耗就可降低30%。

1.6 活动人行道

根据相对运动的原理，我们还建造了另外一种设备，就是"活动人行道"。但目前，我们也只能在展会上才能看见这种设备。

我们来看这种设备的构造图（图1-6），五条大小不同的人行道，呈环形，它们紧挨着套在一起；每一条都由各自的机器带着，以不同的速度向前行驶。速度最慢的是最外面的那一条，和我们平时步行的速度一样，每小时只行驶5千米，可见，要走上这条人行道是很容易的。第二条人行道就在它的内侧，以每小时10千米的速度与它并行。假如从地面直接跳到第二条人行道上，就会很不安全，如果以第一条道为起点，再迈入第二条道就很轻松了。其实，相对于第一条道来讲，第二条道的行进速度也是每小时5千米；因此，从第一条人行道迈入第二条人行道，与从地面迈入第一条人行道所花费的力气是相同的。第三条人行道前进的速度为每小时15千米，但以第二条道为起点迈入，也是很容易的。同样的道理，第四条的速为每小时20千米，以第三条道为起点迈入；第五条道的速度为每小时25千米，以第四条道为起点迈入。此时，旅客会被第五条人行道送到目的地，返回时，旅客只需要逐条向外迈出，就会到达地面。

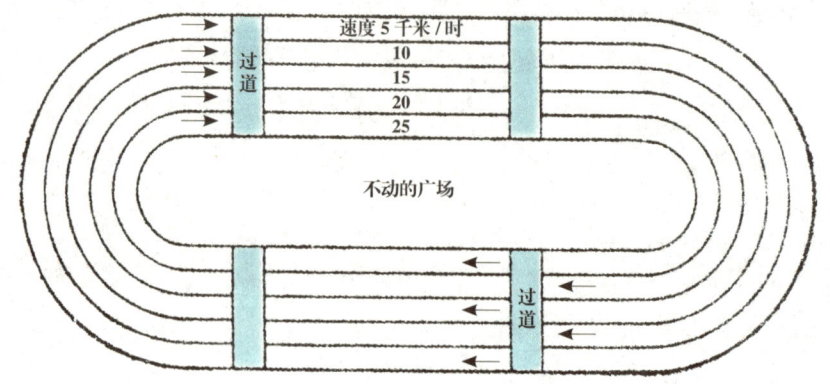

图1-6 活动人行道

1.7 最难理解的定律

在力学基本定律中,要数第三条最让人难理解了,它讲的是作用力和反作用力的关系。虽然这条定律我们都会背诵,也能正确地运用于某些情况,但是它真正的含义却很少有人全部弄懂。也许有的读者一瞬间就理解它了,但是,我不得不说,从我第一次接触这条定律开始,到完全明白了它的含义,用了10年的时间。

关于这条定律,我不止一次地和很多人进行讨论,人们也曾多次质疑这条定律的正确性。人们觉得,如果物体是静止的,那么这条定律就完全正确;但是,如果物体是运动的,那么它们又是怎样相互作用的呢?这条定律里表明:作用力的大小永远和方向相反的反作用力的大小相等,例如,马拉着车,车也在用相同的力量将马向后拽。按说此时的车应该原地不动才对,可又是什么原因导致车子向前行驶呢?如果这两个作用力相等的话,怎么没有相互抵消呢?

大部分人都提出了这样的疑问。是这条定律错了吗?回答是否定的,毋庸置疑定律是正确的,只是我们的理解不到位。这两个力不能相互抵消,原因是它们没有作用在同一个物体上:一个力作用在了马上,另外一个力作用在了车上。这两个力的大小确是相等的,但是一般大的力产生的作用永远都是相同的吗?一般大的力作用于不同的物体会产生相同的加速度吗?力作用于物体与物体本身以及物体"阻力"的大小毫无关系吗?

假如你能这样思考的话,就会明白,虽然车子也在用相同的力将马向后拽,但是马却能拉着车往前走的原因了。相等大小的力同时作用在车和马上,可是,车由于车轮的存在,能够随意变换位置,而马却只能在地上站着,所以马能将车子拉走。我们再来思考一下,假如,车对马的拉力没有任何反作用,那么,给车一个很小的力,车就会被拉走,当然马也就毫无用处了。但是现实中,马在克服车的反作用力中,是必不可缺。

这条定律通常简述为"作用等于反作用",如果我们把它改成"作用力等于反作用力"的话,就不会产生那么多的疑问,变得通俗易懂了。主要还是因为力是相等的。再说作用(日常生活中,"力的作用"被我们理解为物体位置改变),由于不是作用在同一个物体上,所以通常情况下并不相等。

当"切榴斯金"号的船体,被北极的冰块挤压的同时,船舷也在冰上施加了相等的力。悲剧的发生主要由于,船身对冰块的压力被强大的冰块抵抗住了,冰完好无损;钢铁做成的船身,虽然也很结实,但毕竟是空心的,对这种压力无法承受,最终被冰给挤瘪了。

"作用等于反作用"这条定律,同样适用于物体的下落,虽然不是很明显。苹果落地,缘于地球的引力;同时苹果也在用相同的力吸引着地球。也可以说苹果与地球在相对下落,只是这两个物体下落的速度相差太悬殊了。同样的吸引力,苹果获得了 $10m/s^2$ 的加速度,可地球呢——它的质量是苹果的几倍,它获得的加速度就是苹果的几分之一。很显然,地球的质量不知要比苹果大多少倍,所以,地球向苹果挪动的距离是非常微小的,接近于零,完全可以忽略不计。正是因为这个道理,我们平时都说是苹果落地,而不是"苹果和地球相对下落"。

你还记得一个名叫斯维亚托戈尔的大力士,想要把地球举起的那首民谣吗?假如传说可信,阿基米德也曾试图做同样的事情,不同的是阿基米德只需要给自己的杠杆找到一个支点。而大力士斯维亚托戈尔,虽然力大无比,但没想到要使用杠杆。他最想找到一个把手,有一个用力的地方。"只要有地方用力,我能将整个地球举起。"真是太巧了,这个大力士居然在地上发现了一个"小褡连",它非常结实,"不松垮,不转动,更不会被拔下来。"

思维亚托戈尔从马上一跃而下，
用两只大手将小褡连紧紧抓住，
小褡连上升的高度超过了膝盖：
他的双腿膝盖以下的部分都陷入了地里。
鲜血顺着他苍白的脸淌了下来。
思维亚托戈尔已经掉下去了，从此不会再站起。
于是，他的一生就此了结。

假如斯维亚托戈尔懂得作用和反作用定律，大概就会明白，他把多大的力气作用在地球上，同时也会受到相同的反作用力，正是这个反作用力把他自己拽进了地里。

从这个民歌的字里行间，我们知道了，在牛顿首次发表他的不朽著作《自然哲学的数学原理》（自然哲学就是物理学）之前，反作用定律已经被人们在广泛应用了。

 1.9 物体失去了支撑还能运动吗？

我们要用自己的双脚踩着地面或地板来走路；假如在冰面上，或者地板异常光滑的情况下，我们站立都相当困难，更别说在这上面行走了。机车是依靠它的"主动"轮推着铁轨前进的；假如我们把润滑油涂满铁轨，此时的机车也只能原地转动了。冰天雪地的时候，为了能让火车顺利开动，我们不得不使用一些特殊的方法，那就是把一些细的沙石，撒在火车主动轮正前方的铁轨上。在最原始的铁路上，车轮和铁轨上都安装了齿，这是由于人们认定铁轨要被车轮推开，火车才能向前行驶。轮船把水推开，依靠的是螺旋桨。飞机推开空气，依靠的也是螺旋桨。总之，物体在任何一种介质里运动，都必须得到这种介质的支持才可以。假如失去了这种能够支持的介质，物体还可以运动吗？

是的，要做这种运动，就好比揪住自己的头发试图将自己提到半空中一样，是根本无法完成的。当然，闵希豪生男爵就曾经做过类似的事情。其实，这种看似不可能的运动，却经常发生在我们的身边。物体的确不能仅凭借自己的质量，让自己整体向前运动，但是它可以把自己分成两部分，让其中一部分物质向一个方向运动，与此同时，另一部分则会向相反的方向运动。我们都不止一次地见过在天空飞行的火箭，但是有谁想过"火箭为什么会飞"呢？在这里火箭就是一个很好的例证。完全能够解释我们此时讲述的这种运动。

1.10 火箭为什么会飞？

某些物理学研究人员，偶尔也会把火箭飞行的原因解释错了，他们是这样说的：火箭的飞行，主要还是由火药在里面燃烧产生的气体来把空气推开，达到飞行的目的。古人也是这么想的（在很早的时候，火箭就已经发明了）。如今，在我们的身边，还有很多人也是这么认为的。假如我们让火箭在一个没有空气的空间里飞行，它飞得比在空气中更好。由此可见，火箭的飞行的确是另有原因的。基巴利契奇是三·一刺客里的一员，他临死前留下一本关于飞行器发明的笔记，里面非常明了地写着：

用铁皮卷成一个筒，把它的一头封严实，而另一头则用压缩的火药填充。火药的中央是空的，就如同一个管状的通道。这里面就是火药最先燃烧的地方。在一定的时间里，这块火药的外表面也燃烧了起来。在气体燃烧的过程中，会向各个方向施加压力。在筒的两侧，气体的压力是相互平衡的。但是，当压力施加在筒底的时候，却没一个力能与它相抗衡(这是由于反方向上是开着口的)。火药就是因为这个力推动才得以前进的。

这和炮弹发射时的情形完全相同，炮弹向前推进的同时炮身向后移。我们可以推想一下手枪射击以及发射各式飞行器时，产生的后坐力。我们来假设一下，让大炮在半空中悬着，并且不给它支撑点，那么，大炮在射击后，炮身会同时后退，其速度的大小比炮弹的前进速度的大小，等于炮弹的质量比大炮的质量。儒勒·凡尔纳写过一本名为《旋转乾坤》的幻想小说，这本小说里的主人公，曾想将大炮那强大的后坐力充分利用，来完成一项惊人的壮举——将"地轴扶正"！

火箭就是大炮的一种，唯一的区别就是，火箭射出的是火药的气体，而并非炮弹。运用这个原理，中国制造出了能够旋转着上升的轮转火焰。把一根火药管安装在轮子上，点燃管内的火药，火药燃烧所产生的气体会自一个方向喷射而出，与此同时，轮子和与之相连的火药管就会作为一个整体向相反的方向运动。大家都知道物理仪器"西格纳尔"轮吧，其实这就是由它变异而来的。

还有一件十分有意思的事情，那时候蒸汽机还没有问世，就出现过一种机械船，它也是依照这个原理而设计的。一个很强大的压水泵被安装在机械船的尾部，利用这个压水泵把船里的水向外压，船也就因此而前进。在中学物理实验中，我们就是用浮在水面上的洋铁罐来证明上述原理的。虽然这个机械船并没有实际应用过，但是它却给轮船的发明提供了很大的帮助。

因为富尔敦的确受到了它的启迪。

我们都知道是公元前2世纪的希罗，根据这个原理，制造了世界上第一台蒸汽机。现在让我们来看图1-7：汽锅 A 里面的蒸汽，经过管道 xyz 后，进入安在水平轴上的球内，紧接着冲出那两个曲柄管，将管子向相反的方向推动，于是球便开始转了起来。最可惜

图1-7 公元前2世纪希罗发明的蒸汽机（涡轮机）

的是，在那个年代，希罗制造的蒸汽涡轮机，只被人们当作一种有意思的玩具。因为奴隶劳动，几乎没有成本，没有人想过要把机器充分利用起来。但这个原理却流传了下来。如今我们建造反动式涡轮机，运用的就是这个原理。

图1-8 这是第一辆由牛顿发明的喷气式蒸汽汽车，是现代汽车的雏形

另外最早的蒸汽汽车也是根据这个原理设计的（图1-8），设计者是作用和反作用定律的提出者牛顿。汽锅安装在车轮上，汽锅中冒出的蒸汽朝一方喷出来，使汽锅被反作用力推着，于是车轮开始前行。

假如你觉得这些很有趣味的话，你可以用纸做一只小船，制作方法见图

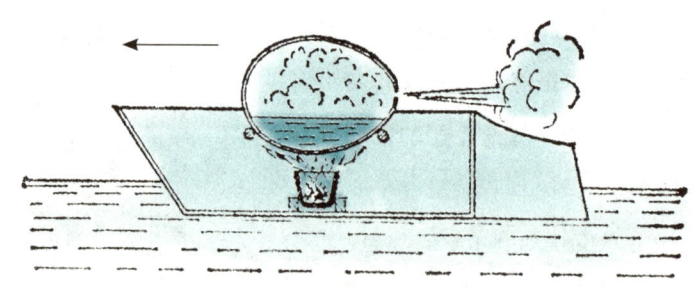

图1-9 用纸和鸡蛋壳做成的玩具小船。顶针里的酒精就是小船的燃料，从蛋壳里冒出的蒸汽就是这只小船反向运动的动力

1-9，这只船可以和牛顿的蒸汽汽车相媲美：汽锅我们用一个空蛋壳来代替，在汽锅下放一个顶针，把一个用酒精泡过的棉球，塞进顶针里，点燃棉球，蛋壳里就会出现蒸汽。这股蒸汽向一面冲出，整个小船就会向相反的方向前行。只是，制作这种赋有教育意义的玩具，还要有十分精巧的手艺。

1.11 乌贼的运动

如果你听说,在这个世界上,很多生物的运动方式是"抓住头发把自己提起来"的,你一定会觉得十分惊奇。

乌贼及其他一些足类软体动物在水里活动(图1-10),用的就是这种方法:水被它们用身体侧面的孔和前面特别的漏斗吸进鳃腔,接着再把水经过上面提到的漏斗压出身体,结合反作用定律分析:

此时的乌贼会获得反方向的推力,它们就利用这种来自身体后面的推力游向前方。乌贼还能控制它们漏斗管的方向,可以指向两旁或后面,再把身体里的水用力压出,这样乌贼就能随时拐弯了。

水母做的也是同样的运动,它们利用肌肉的收缩,将水从钟形的身体下边挤出,获得反方向

图1-10 乌贼在水里游

的推力。蜻蜓的幼虫水虿和水中另外一些动物运动时,用的也都是这种方法。

1.12 火箭载着我们去星球

你还能找出一件事儿,会比离开地球去漫无边际的宇宙中旅行——从地球奔往月球,从一个行星到达另外一个行星——更令人欢呼雀跃的吗?以这个为题材出版的科幻小说,真是太多了!无论哪本书都能引起我们对遨游天际的幻想!例如伏尔泰的著作《小迈加》、儒勒·凡尔纳的著作《月球的旅行》和《赫

克特尔·雪尔瓦达克》、威尔斯的著作《月球上的第一批人》等,还有很多作家的类似书籍中,都幻想了许许多多非常有趣的宇宙旅行。

这个奇妙的幻想,难道就真的无法实现吗?小说里那些层层深入的聪明的构思,难道全是虚幻不切实际的吗?在后面的篇幅中,我们还会对星际旅行的一些构思进行论述。此时,让我们先来认识一位,首次提出宇宙飞船实际设计的科学家,他就是已故苏联著名科学家齐奥尔科夫斯基。

可以乘着飞机到达月球吗?回答是否定的。飞机和飞艇都是推开空气飞行的,是受到了空气的支撑。但地球与月亮之间并不存在空气。其实,整个宇宙中,再也找不出一种能够支撑星际飞船(图1-11)的介质。因此,我们必须研制一种新型的飞行器,这种飞行器的行进和驾驶不再需要任何物质的支撑。

这个与炮弹类似的玩具——火箭,我们并不陌生了。可是,我们怎么不制造一个大型的火箭,让它的内部有一个特殊的能装载人、食品、氧气管、以及一些必备品的屋子呢?我们可以想象一下,飞行员带着大量燃料在火箭里控制爆炸气体的冲出方向。这样一来,就有了真正的能驾驶的宇宙飞船了,坐上这艘宇宙飞船,就可以在太空中畅游,可以飞到月球,还可以穿梭于各个行星之间。因为气体的爆炸力能够被驾驶者控制,所以星际飞船的速度就能逐渐增加。

并且增加的速度对他们是没有害处的。等接近想要去的行星时,先要调转飞船的头,然后减慢飞行的速度,飞船就会降落了。当然,他们返回地球也是用这种方法。

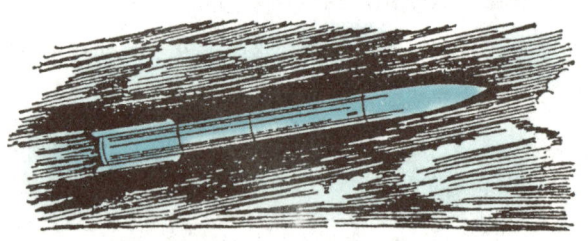

图1-11 与火箭的构造相似的星际飞船

如今,飞机能升入很高的天空,还能越过崇山峻岭、沙漠、陆地和海洋。等40年之后,星际航行是不是也能够越来越发达呢?到那时,人们就能挣脱地球那无形的锁链,不再被地球束缚了,立马投入到广漠无垠的宇宙的怀抱。

第2章

力・功・摩擦

2.1 天鹅、龙虾和梭鱼的关系

这则"天鹅、龙虾、梭鱼同拉一车货"的寓言，是人人皆知的。假如我们从力学的角度来分析的话，得出的结论和寓言作者克雷洛夫所做的结论大相径庭。

我们要弄明白的问题是，力学上几个互成角度的力的合成问题。（图2-1）按照寓言表述的内容，这三个力的方向是：

天鹅直冲云霄、梭鱼则向水里拽、龙虾向后退。

换句话说就是，第一个力——天鹅向上的拉力；第二个力——梭鱼的侧拉力（OB）；第三个力——龙虾的后拉力（OC）。此时我们不要忽略了第四个力——货物向下的重量。寓言里讲到，"货车依旧在原处"，也就是说，这几个作用在货物上的力，其合力等于零。

真是如此吗？我们再来仔细分析一下。天鹅向云霄飞去，不但对龙虾和梭鱼的工作没有影响，而且对它们进行了协助：货物的重力向下，此时天鹅向上的拉力，正好把车轮与地面、车轴之间的摩擦减小了，也就相应地减轻甚至完全抵消了货车的重量，——其实货车很轻（在寓言中曾有，"对它们而言，

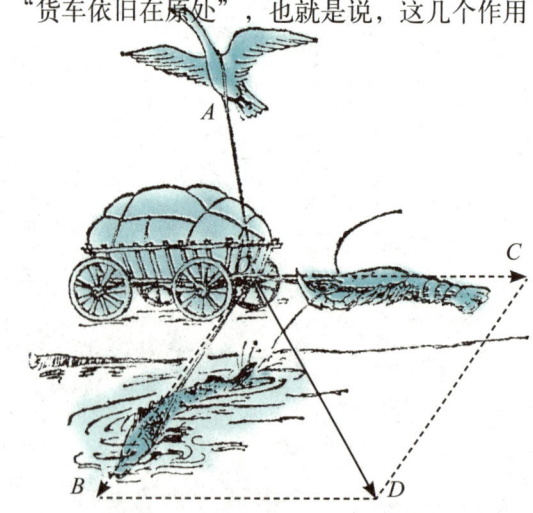

图2-1 按照力学的原理把天鹅、龙虾、梭鱼的问题正确解决合力（OD）应当会把货拉到水里去

货车一点都不重"的表述）因为要避免复杂，所以我们就假设天鹅向上的拉力与货车自身的重量两者扯平了，现在还有两个力存在，那就是梭鱼的拉力和龙虾的拉力，关于这两个力，寓言里描述的情景是"龙虾向后退，梭鱼则向水里拽"从而可见，货车的侧面是水（克雷洛夫笔下的这三个劳动者是不想让货车掉下水的！）。我们能够看出龙虾的后拉力和梭鱼的侧拉力形成了一定的角度，只有这个角度是180°时，两者之间的合力才会是零。

根据力学的定义，以 OB 和 OC 为边画平行四边形，对角线 OD 为合力的大小、方向。非常明显，货车在这个合力的作用下是可以移动的。再说，当天鹅的拉力抵消了部分或全部货车的重量时，就更好拉了。最后再说一下货车的移动方向，是前进、后退、还是向侧方？主要是由这几个力相互间的关系和它们的角度所决定的。

如果大家对力的合成与分解有所了解，就会知道：货车的重量不可能被天鹅的拉力完全抵消，货车更不可能纹丝不动。除非它们的合力小于车轮、车轴与地面的摩擦力，则货车不动。可是，这样就违背了"对它们而言，货车一点都不重"的寓言内容。

如此一来，克雷洛夫什么情况下都不会确切地讲"货车丝毫未动"，"货车此时仍在原处"。但是，这根本不会影响到这则寓言的中心思想。

2.2 与克雷洛夫的观点相反

在上面的文章中，我们知道了克雷洛夫的处世箴言："假如同伴间的观点不能保持统一，必将一事无成"。但在力学方面，这则箴言并不完全适用。不同方向的几个力，也能起到一定的作用。蚂蚁曾是克雷洛夫笔下的劳动模范。可鲜为人知的是，蚂蚁们的辛勤劳作，就是依照这位寓言家所安排的方式进行的，一般情况下合作都很顺利。其原因正是力的合成的规律。认真观察一下劳作中的蚂蚁，你就会发现：蚂蚁们都在各司其职，根本就没有要帮助同伴的意思。

让我们来看这位动物学研究者，对蚂蚁劳作过程的描述：

在宽阔的地面上，一只被捕的动物，由数十只蚂蚁拉着前行。此时，蚂蚁们都非常努力，表面看上去它们对工作是齐心协力的。而一旦这只被捕的动物——例如毛虫——被障碍物（枯树根或石块等）拦截需要绕行时，就见每一只蚂蚁都在忙自己的事，而不是和同伴们一起努力来克服眼前的困难。有的蚂蚁往右拽，有的蚂蚁则往左拉，有的蚂蚁往前推，有的蚂蚁往后拖（图2-2）。它们不断更换自己咬毛虫的位置，然后不管是拽还是拖，都依照自己的意愿进行。偶尔我们会看到这样的场景（图2-3）：被捕的动物由4只蚂蚁朝一个方向拽去，同时还有6只蚂蚁将其朝另一个方向拉，最后，被捕的动物就被那6只蚂蚁拉走了。

关于蚂蚁们这种不真实的协作，我们还有一个能论证这一点例子：25只蚂蚁咬着一块正方形的干奶酪（图2-4），一起朝箭头A所指示的方向行进。这时，我们的感觉是，一队蚂蚁在前面拽，还有一队蚂蚁在后面推，其余的蚂

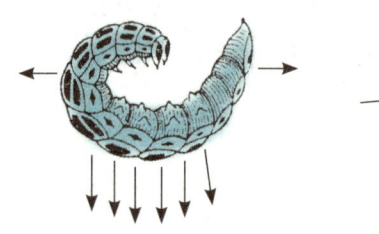

图2-2 蚂蚁拉毛虫的力

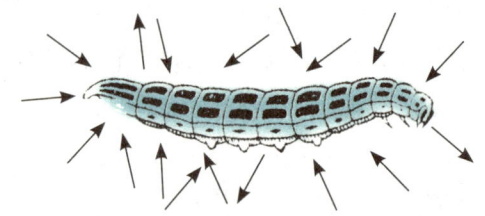

图2-3 蚂蚁拉被捕的动物的力，箭头标出的是每只蚂蚁的用力方向

蚁分散在两边，协助蚁群前进。但是，实际情况并非如此，就让我们来验证一下吧，用刀片将后面那队蚂蚁与奶酪完全分离，只见干奶酪仍然在前移，而且速度比之前更快了。

很明显，这队蚂蚁并没有向前推奶酪，反而使劲后拽，试图将奶酪拽进洞穴。可见，后面那队蚂蚁并没有协助前面那队蚂蚁的工作，却一直在给它们施

加阻力，使它们前进的力量变小。

这块干奶酪的运输，用4只蚂蚁就行，只是因为它们的步调相反，才导致把食物拖进洞穴要用25只蚂蚁。

更令人惊奇的还有，马克·吐温很早就关注过蚂蚁们的工作特征。他还讲了一个故事，这个故事的主角是两只蚂蚁，其中的一

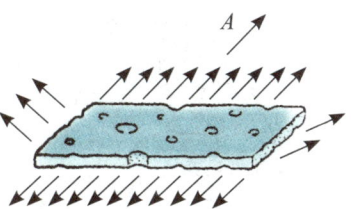

图2-4 一群蚂蚁顺着箭头A指示的方向把干奶酪拖往蚁穴

只发现了一条蚂蚱腿。马克·吐温讲到："它们分别将腿的两头咬住，拼尽了全身的力气拽向相反的方向。它们感到很奇怪，却搞不清原因。不一会儿它们就开始互相指责，最后还动用了武力……终于它们握手言和了，却再次重复起了先前那没有价值的协作。有一只在打斗中受伤的蚂蚁，此时却成了负担：因为它不想失去这条蚂蚱腿，所以才会被那只强壮的蚂蚁把它和食物一起拽进洞里。"因此，马克·吐温总结了一句略带嘲讽的话："那些只会总结不可靠结论的毫无经验的博物学家才认为，最优秀的员工就是蚂蚁。"

2.3 蛋壳易碎吗？

在这本书名为《死魂灵》的小说里，以老谋深算著称的吉珏·莫吉叶维齐，曾经对几个哲学方面的疑问进行过思考，其中有一个讲的是"嗯，假设大象也能下蛋，那么，这蛋壳的厚度应该是连炮弹都无法击破的吧！哎！是时候研制新型兵器了。"

果戈里笔下的这位主人公，假如明白那看似薄弱的普通蛋壳却十分刚强的话，肯定很震惊。在你两只手掌的中间放置一个鸡蛋，然后在它的两头施加压力（图2-5），鸡蛋立刻碎掉吗？其实，要用这样的方式把鸡蛋挤破，真的要费一番力气。

图 2-5 用这种方法把鸡蛋挤碎,是一件很费力的事情

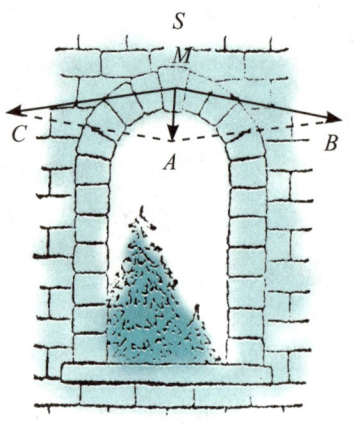

图 2-6 拱门坚固的原因

我们来看图 2-6,这是一个上面带小石拱的窗子。施力物 S(窗子正上方砖的重量)作用在 M(位于石拱中间的楔形石块)上,力的方向为箭头 A。之所以石块没有掉下来,是因为它特殊的形状——楔形,它被左右两边的石块支撑着。根据平行四边形的规则,力 A 就分成 C 和 B 两个力。这两个力被左右两边石块的阻力给抵消了。如此一来,拱门就不会因为外部的压力而损坏了。反之,假如我们在拱门的里面用力的话,它很快就支撑不住了,原因就是:楔形的石块可以不让自己掉下来,但上升却是无法制止的。

蛋壳的整体就是一个拱门。蛋壳非常易碎,但是却能够承受很强的外来压力,也是这个道理。找一张沉重的桌子,把四个生的鸡蛋,分别放在桌子的四条腿下面,鸡蛋居然毫无破损,(因为要防止鸡蛋滚动,并且使其受力面积变大,我们将鸡蛋的两头用石膏来增加宽度,石膏与蛋壳是很容易粘在一起的)。

此时我们就知道,母鸡在蛋上卧着却不怕自己会压碎蛋壳的原因了;还知道了为什么刚孵化出来的小鸡出壳时,仅需要在里面用它的小嘴轻啄几下,就能摆脱蛋壳的束缚了。

用茶匙的边缘对鸡蛋进行敲打,鸡蛋一下子就碎了,由此我们可以想象,大自然施加在蛋壳上的压力是那么大,而孕育新生命的襁褓又是那么的牢固。

我们日常用的灯泡看似很薄弱，其实是非常坚固的，这和蛋壳的坚固性相同。但是，灯泡的结实程度会比蛋壳更令人惊奇，有些灯泡内一点东西也没有，更别谈对抗空气加在灯泡上的巨大压力了。空气施加给灯泡的压力并不小：一个灯泡，直径为 10 厘米，它就会受到 75 千克以上压力。通过实验得出：真空灯泡所受的压力，就在 75 千克以上（一个人的重量）。实验指出：真空灯泡与普通灯泡能承受的压力之比是 2.5:1。

2.4 逆风中的船只

很难想象逆风中的帆船是怎样前行的。但水手会告诉你，帆船正面顶风根本就无法行驶，只有船帆与风向间的夹角大概为直角的 1/4 时，帆船才能正常前进。但是，顶风行驶也好，成 1/4 直角行驶也罢，全都令人费解。

上面的两种行驶方式的确是有区别的。此时，就让我们来了解一下，帆船与风向成锐角时的行驶情况。首先我们来看，通常情况下风对帆的作用，也就是帆船在风中是如何运动的。很多人都觉得，帆船就是顺着风向前行的。但真实的情况是：不管风向如何，都会产生一个垂直于帆面的力，帆船就是在这个力的推动下行驶的。在图 2-7 中，上面的箭头代表风向，AB 代表船帆。

在整个帆面上，风力是均匀分布的，因此风的压力我们就用 R 来代表，它的作用点位于帆的中央。把力 R 分解可得：垂直于帆的力 Q、平行于帆的力 P（见图 2-7 右侧）。船帆不会因为力 P 的作用而前进，这是由于风与帆之间的摩擦太微不足道了。力 Q 推着

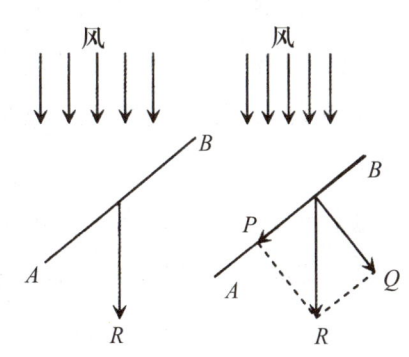

图 2-7 风顺着垂直帆于面的方向推着帆船前进

帆朝着垂直于帆面的方向前进。

明白了这道理，就不难理解逆风中帆船要跟风向成锐角行驶的原因了（图 2-8）。一艘帆船，我们用 KK 表示它的龙骨线，上方的箭头代表风，风向与 KK 成锐角。帆面用 AB 表示，我们把 AB 放在风向与 KK 所成锐角的角平分线上。让我们现在来研究图 2-8 中力的分解情况。风对帆的压力是垂直于帆面的，这里用 Q 表示。力 Q 分解可得：与 KK 垂直的力 R；与 KK 线方向一致，并且向前的力 S。当船向 B 方向行驶时，水的阻力会非常大（船的龙骨在水的深处），因此，力 R 被抵消了。推动船前行的只有力 S 了。所以，船与风向总是保持一定的角度，就好比逆风行驶①一样。一般情况下，帆船的行驶路线酷似"之"字。这正是水手们所说的"抢风行船"法。

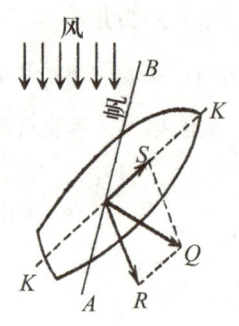

图 2-8 帆船的逆风行驶

2.5　爱吹牛的阿基米德

"给我一个支点，我就能把地球撬起！"这是杠杆原理的发明人阿基米德的狂言。在浦卢塔可的文章中，我们读到："一日，阿基米德给叙拉古国王希伦写了一封信，他和国王之间除了是亲戚外，还是无话不谈的朋友。他在信中写道，相同的力能够使不同重量的物体改变位置。阿基米德习惯于有理有据，因此他又加以说明：假如还有一个地球能让他站在上面，他就能把我们脚下的地球挪开。"

阿基米德心里清楚，只要合理利用杠杆，不管多么重的物体都能用一个最小的力将它举起：在杠杆的长臂上施加这个力，让短臂作用于重物（图 2-9）。

---

① 可以证明，帆面处于龙骨方向与风的方向形成角的平分线时，力 S 的值最大。

因而，他觉得，假如有一根特别长的杠杆臂，让他用力按压的话，他完全能够举起和地球一样重的物体。

假如这位杰出的力学专家，在那个年代就知道地球实际质量的话，也许就不会口出这样的狂言了。在这里，我们可以想象一下，那个做支点用的地球和足够长杠杆已经被阿基米德找到了。可是，你们是否知道他举起一个和地球重量相等的物体，要用多长时间吗？答案是相当惊人的：哪怕只举起一厘米最少也要用 30 万万万年！

图 2-9 "地球被阿基米德用杠杆撬起"

天文学家早就计算出了地球的重量。这么沉的东西，在地球上称得的重量约为：6 000 000 000 000 000 000 000 000 千克。

某人能用双手把重量为 60 千克物体举起来，假设他想举起地球，那么需要找到一根长臂是它的短臂 100 000 000 000 000 000 000 000 倍的巨型杠杆！

由计算得出，短臂作用下的重物上升 1 厘米，那么杠杆的长臂端会在宇宙里画出一个长度约为 1 000 000 000 000 000 000 千米的弧形。

是的，如果地球被阿基米德举起的高度为 1 厘米，那么他抓住杠杆的手也要随着杠杆的运动而长途跋涉了。此时，我们会问，这个过程需要的时间是多少呢？就按 60 千克的物体被举高 1 米所用的时间为 1 秒来计算，得出阿基米德举起地球要用 1 000 000 000 000 000 000 秒。相当于 30 亿万年！也就是说地球被举到头发直径般的距离，阿基米德用一辈子的时间也完不成。

虽然这位科学家十分聪慧，但是也找不出一个能够把这段时间缩短的方法。"力学的黄金规则"中说，无论哪种机器，如果节省了力，就一定会消耗更多的时间，移动更长的距离。假设阿基米德手的移动速度达到了光速（每秒 300 000 千米）——自然界最快的速度时，把地球举高 1 厘米，他还要辛勤劳作十几万年的时间。

2.6 儒勒·凡尔纳的大力士与欧拉的公式

在儒勒·凡尔纳的作品中，还记得那位名叫玛帝夫的竞技大力士吗？"脑袋大、身子长，胸膛如同铁匠用的风箱，木桩般粗壮的腿，起重机般的臂膀，油锤般的拳头……"在小说《马蒂斯·桑多尔夫》里，讲述了有关这位大力的很多事迹，其中，最让人念念不忘的事情是——他徒手拉住正在下水的船只"特拉伯克洛"号。

有关这件事件情的细节，小说里是这样描述的：

船已经卸去了两旁的固定物，做好入海前的准备了。此时，如果解开缆绳的话，船就掉下去了。在船的龙骨下面，有五六个工匠在干活。围观的人们对这一切都很好奇，目不转睛地盯着他们的工作。忽然，一艘已经绕过岸边高岗的快艇，映入了人们的眼帘。如果这只快艇要泊入港内，那么肯定要在"特拉伯克洛"号下水前的船坞前通过。正因如此，大船上的人听到快艇发出的信号后，为了避免事故，就打消了立马解锁下水的念头，想让过快艇。大船为横向放置，如果快艇迅速冲过来撞上大船的话，艇很快就会沉没。

这时候，工匠们都停了下来，一起望着这只豪华的大船。船那白色的篷帆，在夕阳的映射下，仿佛穿了一件金色的衣裳。不一会儿，快艇就在船坞的正前方出现了。几千人站在船坞上盯着它。猛然间，人群中发出一片惊呼声，就见大船正在晃晃悠悠地往下走，而此时快艇的右舷正好与"特拉伯克洛"号相对。没有时间挽救了，灾祸很快就要发生。

大船下滑得很快，船头被摩擦而升起的白色烟雾笼罩着，船尾没入了水里（作者注：大船是船尾向前下水的）。

就在这千钧一发之际,有一个人突然揪住了"特拉伯克洛"号系在船身的绳索,用力往回拉。

他弓着的身子都要贴在地上了。大概用了四五十秒吧,绳索就被他缠在了岸边的铁桩上。

他冒死挺身而出,用大力士般的双手拽住绳索,十几秒钟后绳索断掉了。正是这十几秒的停顿,才使得"特拉伯克洛"号在水里与快艇轻微地擦了一下,就驶向了前方。

快艇安全了。而挽救这场意外灾难的人就是——玛帝夫。当时别人都吓坏了,更别说助他一臂之力了。

如果有人告诉儒勒·凡尔纳,这种行为不是只有大力士才会完成的,任何一位机智勇敢的人都能做到,他肯定惊得目瞪口呆。

力学上说,绳子在桩柱上缠绕,当它下滑的时候摩擦力最大。并且这个摩擦力还会随着绳子圈数的增多而增大。假如圈数依照算术级数加多,那么摩擦力就会依照几何级数增大,这就是摩擦力递增的规律。可见,将绳子缠在固定的物体上,三四圈之后把绳头交给一个儿童,这个儿童的力量完全可以平衡一个很大重物。

我们时常会看到,一些少年在渡口上,正是用这种方法拉动载有数百人的客船靠岸的。其实,帮助这些少年的是绳子与固定物的摩擦力,而并非他们有多大的力量。

欧拉是18世纪杰出的数学家。他曾计算出摩擦力跟绳子缠绕圈数的关系,这个关系用公式表示为:$F=fe^{ka}$。

其中,我们释放出的力为 f,我们要克服的阻力为 F,e 是自然对数的底为 2.718…,绳子与固定物的摩擦系数为 k,绕转角用 a 表示。也可以说成:摩擦力等于绳子缠绕的长度与弧的半径之比。

把儒勒·凡尔纳故事中的数据代入这个公式,计算出的结果简直让人不敢相信。此时,力 F 为下滑的大船对绳索的拉力。通过文章可得船身重 50 吨。

船坞的坡度先假定为 $\frac{1}{10}$。这样绳索承受的力就是船身重量的 $\frac{1}{10}$，为 5 吨或 5 000 千克。暂且把 k 算为 $\frac{1}{3}$，这就有了绳索与桩柱间的摩擦系数。假如玛帝夫在桩柱上缠了三圈绳索，可得 $\alpha = \frac{3 \times 2\pi r}{r} = 6\pi$，在欧拉公式中代入这些数据可得：

$$5\,000 = f \times 2.72^{6\pi \times \frac{1}{3}} = f \times 2.72^{2\pi}$$

其中 f 我们要提供的人力，通过对数计算：

$\log 5\,000 = \log f + 2\pi \log 2.72$，可得：$f \approx 9.3$ 千克

可见，大力士玛帝夫只用了 10 千克的力气就拽住了绳索！

也许你会认为这只不过是理论上的计算，太理想化了，真正花费的力气一定很大。那你可真错了，相反，实际用到的力气要比计算得出的数值小很多：在古代，系船用的是相互间摩擦力更大的麻绳和木桩。所以，此时 k 的值要大于上面运算中的 k 值，因而，实际花费的力气简直小得可怜。只需要准备一根足够结实的绳子，一个普通的小孩，在木桩上绕三四圈后，也可以有儒勒·凡尔纳故事中玛帝夫的成就，当然，超过他也很正常。

2.7 牢固的结

平时，我们的确会享受到欧拉公式所带来的方便。就说打结吧，木桩就好比是绳子的一头，不就是把余下的那部分绳子在这个头上缠绕吗？结的样式有很多种：普通结、"手术结"、"船舵结"、"蝴蝶结"，等等。之所以这些结能够结实、不松散，都是因为摩擦在中间发挥的作用。绳子在自己身上缠绕与草绳缠绕在木桩上的道理是相同的。因此，摩擦力很大。看看结里那些弯弯曲曲的缠绕就会明白。绳子缠的圈数增加，绕转角就增大，打出的结就会更加结实。

制衣厂里，工人们钉扣子也是用的这种方法。他们会把线在衣服和扣子间

绕很多圈，只要这线能承受足够的力，扣子就不会脱落。这里用到的规律，我们已经很熟悉了：线缠绕的圈数根据算术级数增加，扣子的坚固程度就会根据几何级数增大。

假如这个世界不存在摩擦的话，就连扣子都会失去它的作用：在扣子重力的作用下，线会滑脱，扣子当然会掉下来了。

2.8 摩擦消失了

摩擦，在我们的身边，会以很多种形式出现，有的我们会看到，有的则令人难以预料。即使是在我们脑海中没有印象的地方，摩擦也在发挥着它的重要作用。假如世界上没有了摩擦，许多的日常现象都要发生翻天覆地的变化。

西络姆是法国的一位物理学家，他曾经生动地叙述了一些有趣的摩擦现象：

偶尔，我们会在结了冰的道路上行走。为保持身体平衡不至于摔跤，我们用尽了全身的力气，做了无数个滑稽可笑的动作！由此，我们必须明白：平日里供我们行走的路面，具有一种十分宝贵的性质，正是因为有了这种性质，我们才能走稳、站牢，而且不需要花费很大的力气。当我们骑着自行车摔倒在光滑的路面上、或看到马儿在公路上摔跤时，就有了相同的想法。通过这些事情，摩擦的特点就显而易见了。工程师们已经通过努力把机器上的摩擦降到最低。摩擦在极个别的领域，例如在应用力学中，则被认定为最不好的现象，这绝不会错，只是范围很小。更多的时候，我们要感激摩擦给我们带来的便利：有了摩擦，我们才会放心大胆地行走、站立、劳动；书本和墨汁才不至于掉在地上；桌椅不会随意滑动；手中的笔更不会轻易掉落。

摩擦太普遍了，通常我们不用发出邀请，它就会自己送上门来。当然了，极其个别的情况除外。

要增强物体的稳定性，摩擦是必不可缺的。地板被木工刨平，就是为了让桌椅按照人的意愿放置。只要不是在摇摆的船舱，桌子上放着的水杯、盘子等，就不会掉下来。

我们假设摩擦已经完全消失了。这时，所有的东西都不再有支撑：巨大的石块、颗粒状的沙子等等，都滚着，滑着直到形成一个平面才肯罢休。摩擦消失了，地球就成了一个流体般毫无起伏的圆球了。

我们再补充一下，摩擦消失后，墙上的螺丝钉和钢钉会全部掉下来，手也失去了它的作用，再也握不住任何东西，所有的建筑物都无法建造。起了旋风，就会一直刮下去。我们还会听到许多的噪音，那是人们说话的声音从墙壁上反射回来的回音，丝毫没有减弱。

每回路面结冰，我们都会进一步认识到摩擦的重要性。面对冰封的街道，我们束手无策，一不小心就会摔倒。

下面的几条消息，是摘自1927年12月某期报纸上的报道：

"伦敦21日讯，由于道路结冰严重，致使伦敦的街车和电车都无法正常行驶；手脚被摔坏的人很多，大约有1400人已经被送入了医院。

"海德公园不远处，发生了一起两辆电车与三辆汽车相撞的交通事故。汽油发生爆炸，车辆全部烧毁。"

"巴黎21日讯，由于巴黎和其附近郊区的路面结冰严重，不幸的事件接连发生……"

但是，根据摩擦力在冰面上会减弱的特点，我们可以应用在某些技术上。例如，我们熟悉的雪橇。还有就是把砍下的树木直接运送到铁路或浮送站的冰路，由于路面平滑，装着70 000千克木材的雪橇，只需要2匹普通的马就能完成任务（图2-10）。

图2-10 上边是装着70吨木材的雪橇，在冰面上由两匹马拉着行走。下：冰路：A——车辙；B——滑木；C——压紧了的雪；D——路上的土基

 "切留斯金"号失事的物理原因

读了上面的内容，我们千万不可妄下结论，觉得冰上的摩擦力在所有的情况下都微乎其微。当温度在零度左右时，冰上的摩擦力就会很大。苏联在破冰船上工作的人们，近几年来，就针对北极海面的冰与钢制船体之间产生的摩擦力进行了深入的研究。结论表明，它们之间的摩擦力简直大得惊人，甚至比两铁间的摩擦力还要大些。以新船为例，冰对钢壳的摩擦系数为0.2 。

为了了解上面的数值，及其对于船在冰上航行的重要性，我们一起来看图2-11中在冰的压力之下，作用在船舷 MN 上的几个力。冰的压力为 P，力 P 分解可得：垂直于船舷的力 R、相切于船舷的力 F。船舷对竖直线的倾斜角为 α，这也正是 P 与 R 之间的夹角。冰对船舷的摩擦力用 Q 表示，得出：$Q=0.2R$。假如 $Q<F$，则压向船体的冰会被力 F 推下水，此时的冰滑动于船舷的两侧，

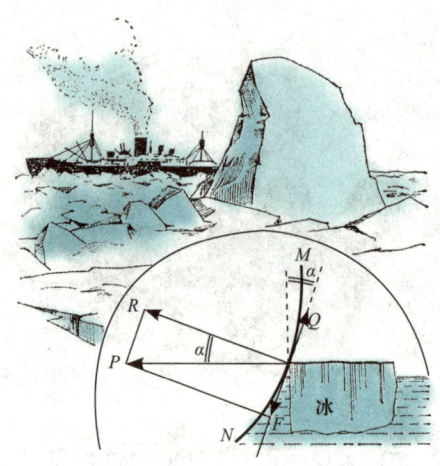

图 2-11 上:"切榴斯金"号事故船
下:冰的压力之下,作用在船舷 MN 上的几个力

船体完好。反之,$Q > F$ 时,巨大的摩擦力将冰长时间禁锢在船舷上,船舷很容易被损毁。

什么情况下 $Q < F$ 呢?很显然,$F = R\tan\alpha$,因此 $Q < R\tan\alpha$。再加上 $Q = 0.2R$,将不等式 $Q < F$ 转化为 $0.2R < R\tan\alpha$ 或 $\tan\alpha > 0.2$。

正切函数是 0.2 的角,由三角函数表可查得 11°。所以,只有 $\alpha > 11°$ 时,$Q < F$ 才会成立。

综上所述,只有船舷对竖直线的倾斜度确定之后,才可以确保在冰里航行的船只完好无损。此角的倾斜度应该大于 11°。

现在让我们再研究一下"切榴斯金"号失事的原因。"切榴斯金"号不是我们上面说到的破冰船,而是一艘轮船,它安全地通过了北海,当到达了白令海峡后,就被冰块给摧毁了。

"切榴斯金"号被冰挟持到了遥远的北部,然后又被冰毁掉了。这个事件发生在 1934 年的 2 月。人们都记得,这艘船的水手们,在冰上经过了两个月的等待后,才被飞行员救起。

下面这段文字记录的就是船被挤坏的经过:

"钢质的船身还是比较结实的，短时间内还不至于被挤坏，"船长通过无线电讲到："我们亲眼见证了冰块是怎么挤压船舷的；以及那没有被冰块压住的船壳的钢板，向外凸起并且变形的过程。冰块还在接连不断地向船靠拢，虽然慢，但却无法抵挡。船壳凸起的钢板顺着铆缝断裂了，随着'哔哔啵啵'的声响，铆钉四处飞溅。就在这一霎那，轮船的左舷断裂了，一直从舱到甲板的末梢……"

通过上面的讲述，我们知道了那次事故发生的物理原因。

因此，我们总结了一个非常实用的经验：在建造冰里航行的船只时，船舷的倾斜度一定要大于 $11°$。

2.10 平衡的木棒

把你的两只手分开，将一根光洁的木棒搭在你的两个食指上。然后，让两个手指同时向木棒的中间移动，当两个手指并拢后就停下来（图 2-12）。

令人纳闷的是，两个手指并在了一起，木棒依然平衡没有一点要滑落的迹象。为了确保结论的准确性，我们变换手指放置的地方，进行多次实验后看到：木棒仍旧保持着平衡。当然，木棒在这里还可以用绘图尺子、带弯头的拐棍、击球的杆子、清洁地面的拖把等等来代替。所得的结果都是相同的。

那么，究竟为什么会出现这种令人匪夷所思的结果呢？

我们先来搞清楚：木棒在两个

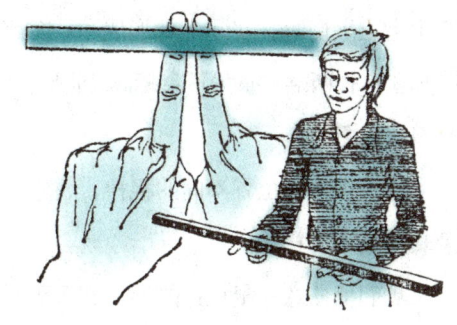

图 2-12 用直尺代替木棒做的实验。右图为实验的结果

并拢的手指上平衡时，两个手指所处的位置就是这个木棒的重心（假如一条经过重心的垂直线，能通过支撑物的范围，该物体此时平衡）。

分开两个手指，承担木棍的重量多的是接近重心的那个手指。它的压力也相对较大，接近重心的那个手指受到的摩擦力，一定会大于远离重心的手指所受的摩擦力。所以，在木棒下面滑动的肯定是远离重心的那个手指。手指移动到更接近重心时，则做运动的就变成另外一个手指了。这两个手指交替运动，直到相互并拢。因为每一次的实验过程都是：远离重心的那个手指在做着单向运动，所以两个手指总会在重心处会合。

最后，让我们再来看一下这个清洁地面用的拖把。同时思考这样一个问题：假如将拖把在两个手指的会和处切开，然后把它们分别放在天平的托盘上（图2-13下），此时，天平会向拖把的柄倾斜呢，还是会向带拖刷的一侧倾斜？

有的人会不加思索地说，天平上的重量应该是相等的，因为拖把是在重心处切开的。其实，带拖刷的一侧要略重些。究竟是什么原因呢？很简单，拖把在两个手指上平衡时，实际上就形成了一个杠杆，因为杠杆两个臂的长短不等，所以加在杠杆两端的重力不会相同。而天平是一个等臂杠杆，不同的重力加在上面，是不会平衡的。

图2-13 用拖把来做实验。天平为什么会倾斜

找一些重心位置不同的棍棒，将它们在重心处一分为二，并且分成的这两段长短是不一样的。

我们把任意一根棍棒的两段置于天平上，值得我们惊诧的是：长的那一部分总比短的那一部分要轻。

第3章

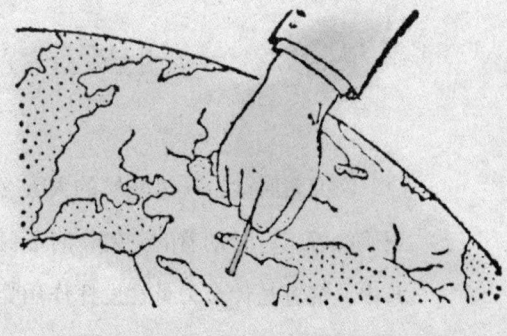

圆周运动

3.1 一直旋转的陀螺

在儿童时代，玩过陀螺的人太多了。但是，这个问题大多数人都无法给出正确的答案，转动着的陀螺，时而倾斜、时而直立，为什么就是不倒呢？在这其中，究竟是什么力量在发挥作用呢？

陀螺的原理，讲起来非常复杂。所以我们在此不必做更深层的研究。只针对旋转着的陀螺倒不下的根本原因进行探讨。其实，这里存在着一个很有意思的现象，是力之间的相互作用引起的。

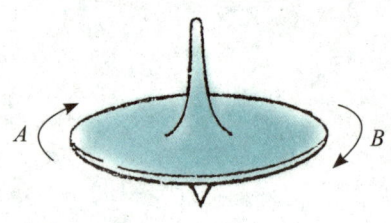

图 3-1 旋转着的陀螺为什么倒不了

在图 3-1 中，我们看到了一只正在旋转的陀螺，它旋转的方向就是图中箭头标示的方向。在箭头的旁边，我们还看到了两个字母：A 和 B。让我们面对着这幅图，不难看出：渐渐远离我们的是写着 A 的那一侧，而向我们靠近的是 B 那一侧。

现在我们用手拨动陀螺的轴，使这个轴向我们倾斜，仔细观察 A 和 B 两侧的变化。A 侧在这个力的作用下会向上倾斜转动；B 侧则向下倾斜运动。这两侧都获得了一种推动力，这个力与陀螺先前的运动成直角。快速旋转的陀螺其圆周线速度是相当大的。我们拨动它时，作用在陀螺上的力很小，这个力所产生的速度也会非常慢。这个极慢的速度和圆周的大速度合在一起得出的速度，与圆周的大速度没有明显的区别。所以陀螺不会改变它的运动方式。

通过上面的论述，我们感觉到，那些试图推倒陀螺的力量，都被陀螺顽强地抵抗着。陀螺会随着质量增加，而提高它旋转的速度，同时它对外来推力的抵抗能力就越强。这就是陀螺在旋转时不会倒下的根本原因。

以上的论述，也可以用惯性定律来解释。在陀螺上，它的任意一个点都在一个特定的平面内做着圆周运动，而这个平面必须与陀螺旋转的中心轴相垂直（图3-2）。

通过我们熟悉的惯性定律，可以知道，陀螺上任何一个点，都想通过圆周的某条切线，脱离圆周的束缚。

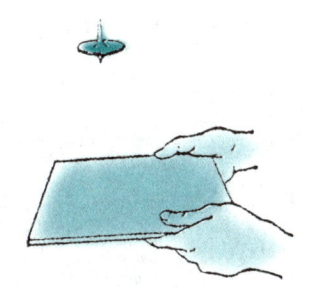

图3-2　抛起旋转着的陀螺，旋转轴方向不变

可是圆周上所有的切线都和它本身位于同一个平面。因而陀螺上每个运动的点，都竭力在那个与旋转轴垂直的平面上，保全自己的位置。可以看出，在陀螺上，那些与旋转轴垂直的平面，也在极力保护着自己的位置。

简单说，就是那些垂直于平面的旋转轴，也在为保持自己的方向而努力着。

在这里，我们不再论述，外力作用下陀螺的全部运动。因为这其中的内容复杂，并且相当枯燥。我们要阐明的是，所有正在旋转的物体，为什么能令它们的旋转轴保持一定的方向而不会变化。

如今，在一些高科技产品的研制中，都运用了旋转物体的这种性质。那些按照陀螺原理制造的如罗盘、稳定仪等回旋仪，都被广泛安装在新型飞机或轮船上。

看似简单的陀螺，却在我们的身边发挥着如此大的作用！

3.2　令人吃惊的魔术

在魔术表演时，会有许多情形让人感到震惊。其实，这种表演也是依照旋转物体能够使旋转轴保持原来方向的原理进行的。约翰·培里是英国的一名物理学教授，他在著名的作品《旋转着的陀螺》中，这样写道：

第3章 圆周运动

有那么一回,我在演讲的过程中,为了能引起观众的兴趣,还做了几个有趣的实验。我讲道:要想使抛出去的圆环在目标位置降落,就必须让圆环做旋转运动(图3-3,3-4)。假如你想让别人用枴杖接住你抛出的帽子也必须让帽子做旋转运动(图3-5)。当旋转着物体其轴的方向被改变时,它就会产生一种反抗作用。紧接着我又对观众说,我们都知道大炮的炮膛,假如它的膛壁是

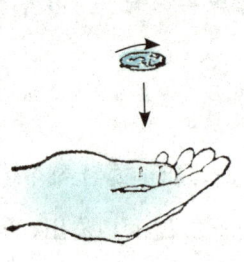

图3-3 做旋转运动的钱币下落的情况

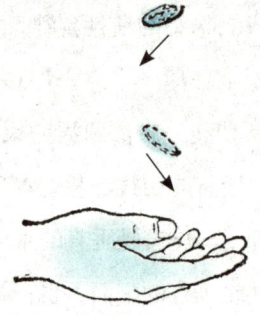

图3-4 不做旋转运动的钱币下落的情况

光滑的,那么发射出来的炮弹就会偏离目标位置。如果在膛壁刻上旋转的螺纹,那么炮弹就会在火药爆炸力的推动下,向前做高速的旋转运动。这种刻有旋转螺纹的炮膛叫做来复线炮膛。

对于那次的演讲,我已经尽了最大的努力。我不会扔帽子更不会转盘子,因此只能宣布演讲结束了。话音刚落,走上来两位魔术表演者,他们熟练地表演了几个魔术。魔术的内容都诠释了我刚才所讲的那些定律。那些盘子、帽子、圆环、打开的伞等物品被他们抛起,做着旋转运动。几把尖刀被其中的一个表演者扔向上空,然后又被他迅速接住,

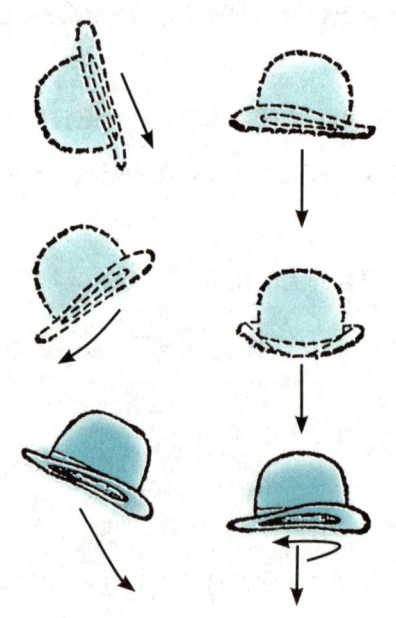

图3-5 做旋转运动的帽子很容易被接住

再扔。观众们刚听完理论，再看到这些例证后，都非常满意，禁不住欢呼起来。他们亲眼见证了魔术表演者把刀子旋转后再抛出的过程。因为，这样做才会准确地知道刀子返回手里时的位置。

3.3 哥伦布问题的答案

"鸡蛋怎么才能竖起来呢？"这是哥伦布提出的一个很有名的问题。随后他又自己进行了回答那就是——把蛋壳打破。

其实，这个问题的答案是错误的。蛋壳被打破了，它的形状也随之发生了变化。被他竖起来的已经变成了别的物体，而不再是先前的鸡蛋了。我们必须弄清楚这个问题的着重点，那就是鸡蛋的形状；鸡蛋的形状一旦发生改变，就

图 3-6 哥伦布所提问题的最新答案：让鸡蛋旋转着竖了起来

会变成另外一种物质。因此哥伦布的回答，对这个问题来说，根本没有作用。

如果用陀螺的原理来解决这个问题呢，我们只需要让鸡蛋按照自己的长轴做旋转运动。这样鸡蛋就会在形状保持不变的前提下，竖立起来。如此一来，鸡蛋就会在一个平面上，以圆钝的一头或者是尖细的一头为底旋转着，而并不倒下。

上面这幅图演示的就是让鸡蛋竖起来的方法：用手指旋转鸡蛋，鸡蛋转稳

后松开手,此时鸡蛋就会自己旋转一段时间。这样哥伦布的问题就被轻松地解决掉了。

还有一个前提,那就是做这个实验一定不要用生的鸡蛋。这个前提与哥伦布的问题并没有条件上的冲突。哥伦布是在吃饭时提出这个问题的,问题说出后,他随手拿起了一个鸡蛋,这个鸡蛋当然是熟的。让生鸡蛋竖着旋转,我们不一定能够做到,我们都知道生鸡蛋包裹的都是液体,这些液体会成为鸡蛋旋转的障碍。平日里,这是我们鉴别生鸡蛋和熟鸡蛋,常用的最简便的方法。

3.4 消失的重力

"在容器里注入一部分水,然后让这个盛着水的容器做圆周运动,甚至容器开口向下,水都不会被洒出来,不难看出,正是这种圆周运动的出现,才阻止了水的溢出。"这是亚里士多德的记载。距现在已经有2 000年了。我们来看图3-7:当装有水的桶达到一定的转速时,使桶口向下,水不会流下来。

这种现象,被当代的科学家解释为:"离心力"的作用。这种力并不是真实存在的,只不过是人们的一种幻想:好像真的有一种力,作用在物体上,而物体也仿佛要离开旋转轴一样。其实,即便物体真的要离开旋转轴,那也是由于惯性的作用,而惯性是不需用力的。

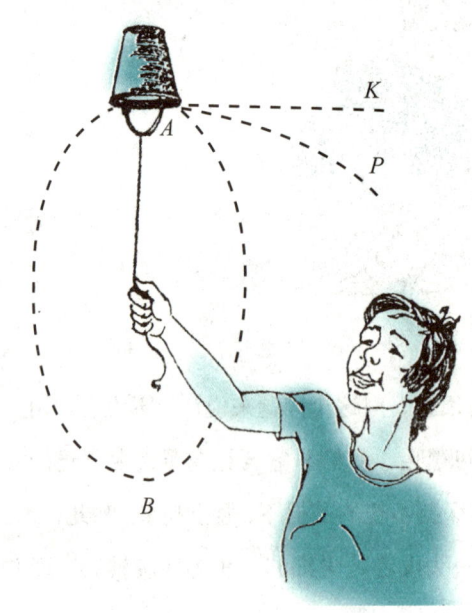

图3-7 水不会从做圆周运动的木桶里流出来

离心力在物理学研究领域是指：做圆周运动的物体把缚住它的线拉紧或是施加在这个物体曲线轨道上的真实作用力。这里的离心力不是作用在运动着的物体，而是要加在引导物体做非直线运动的这类物体上，这类物体也可以说成是障碍物，例如绳子、线圈、拐弯处的铁轨等。

离心力的概念并不十分清楚，在这里我们不作过多的阐述。我们还是来看图 3-7 吧，如果这时候桶的侧壁上有一个洞，水就会通过这个洞被甩出来，那么这些被甩出来的水会向哪个方向运动呢？假如我们不考虑重力的因素，由于惯性的作用，水会顺着 AK 向外喷（AK 为圆周 AB 的切线）。但是，水在重力的作用下会向下落，就是我们看到的抛物线 AP。当桶的转速达到一定程度后，AP 就会落在 AB 以外。这时，我们通过这股喷出的水知道了，桶对水失去阻挡后，旋转时，水在桶里的运动线路。因为桶在旋转时的水绝对不会垂直下落，就更不可能从桶里洒出去了。当然，这要排除桶口朝着旋转方向的情况。

下面让我们来通过运算看看，水洒不出来时，水桶的转速。需要具备的条件是：重力加速度小于或等于旋转的水桶的向心加速度。如此一来，才可以让喷出来的水行走的抛物线在水桶的圆周运动轨迹之外，而不管桶转到哪个位置，水根本不会洒出。向心加速度的公式为：$W = \dfrac{v^2}{R}$ 其中，圆周速度是 v，圆周的半径是 R。

又因为地球表面的重力加速度 $g = 9.8$ 米/秒^2，可得：$\dfrac{v^2}{R} \geqslant 9.8$。

R 按 70 厘米来计算的话，可得因此 $\dfrac{v^2}{0.7} \geqslant 9.8$，因此 $v \geqslant \sqrt{0.7 \times 9.8}$，计算出来后 $v \geqslant 2.6 \text{m/s}$。

所以，我们只要用手让水桶每秒钟转 2/3 圈，就能顺利的完成这个实验，达到这个速度对我们来说并不难。

水平轴转动着的容器，它里面的液体就会在容器壁上紧紧地附着。离心浇铸就是这个性质在实际中的应用。还有很重要的一点，就是：在液体不均匀的情况下，离心机会自动按照它们比重的不同而分成相应的层。比重越大，落的地方就离旋转轴远，比重小的则落在轴附近。

因此，那些在金属熔化时进入到里面的气体，就会自己跑到空隙处，而不会在铸件里形成气泡。离心浇铸需要的设备非常简单，并且成本低廉，因此得到广泛应用。

3.5 你也可以成为伽利略

你听说过"会变魔术的秋千"吗？这是一些城市，为娱乐爱好者提供的游戏。我听说这种游戏非常刺激，但我从来没有玩过。一本关于科学游戏的书中，对这个游戏作了很详细的介绍：

在高处，安装着一根粗大的檩，这根横贯整个屋子的檩非常结实，它的上面就挂着这个特殊的秋千。工作人员让游客坐在秋千上（图3-8），然后他把屋门关好，再将进门时的踏板挪开。最后他宣布，一次短暂的空中旅行要开始啦！话音刚落，他就用手推了一把秋千。之后，在后边坐了下来，那情形就如同赶马车一样，或许他会在此时会走出屋去。

此时，摆动中的秋千越荡越高，眼看就要超过这根檩了，紧接着它居然绕着檩转了圈，然后就越转越快。大部分游客都已经清楚了这个游戏实质，但确实觉

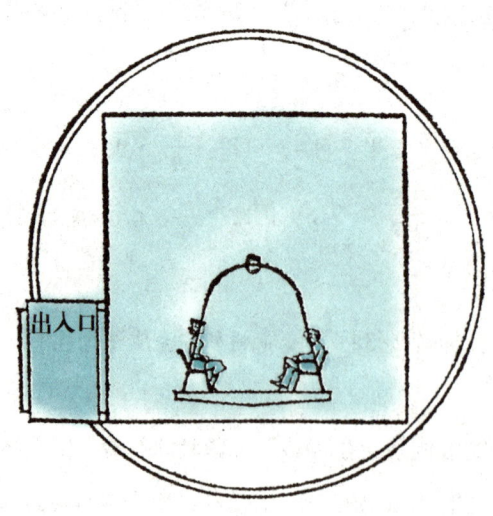

图3-8 "会变魔术的秋千"结构图

得自己是在迅速地摆动。有时，他们会以为自己头朝下了，为了确保安全，会迅速抓住椅子的扶手。

过了一会儿，秋千摆动的速度变慢了，幅度也越来越小，最后停止了运动。

其实，这个秋千始终没有动过，而做运动的就是这间特殊屋子，一种并不复杂的机械，操纵着这间屋子，使它绕着水平轴在游客身边摇摆、旋转。

这间屋子里所有的东西都被加固了。家具被钉在了墙或地板上，那盏带灯罩的看起来很危险的电灯，也被焊接在了桌上。那位刚才推动秋千的工作人员，其实当时什么也没有做，发生摆动的就是这间屋子，他只是扶着秋千做了一个推秋千的样子而已。荡秋千的全部过程都是人们的错觉。

造成这个美好错觉的原因，竟然如此简单，真是太好玩了。虽然你现在已经弄清了这件事儿的真面目，但现在要是让你坐在这个秋千上体验一回的话，你还是会有真实运动的感觉。可见，错觉竟然有这么大的力量！

你还记得吗？普希金曾经写过这样一首诗，诗的题目叫做《运动》：

"这个世界不存在运动，"一个满脸络腮胡子的哲人[①]说。
然而，另外一个哲人[②]没有说话，只是不停地在他面前走来走去。
这真是一个最有力量的反驳。
所有的人都对这个回答赞不绝口。
然而，亲爱的先生们，通过这件事情，
让我想起了另一个更有趣的例子：
人们每天都看到太阳在我们头顶经过，
但是对的却只有固执的伽利略。

[①] 原指古希腊哲学家埃里亚的芝诺（公元前5世纪），他主张世界上的一切都是不动的，某个物体看似在运动，那不过是我们的错觉。

[②] 系指古希腊锡诺伯的奥根尼。

45

有一部分人还不知道秋千的奥秘,在这群人中你就是一个伽利略。但是,你与伽利略的区别是:曾经,伽利略向人类证明:太阳和所有的星星都没有发生运动,我们却是在随着地球转动。此时的你只能够证明:大家坐的秋千并没有运动,做旋转运动的是绕着我们的这间屋子。因此,你非常有希望和可怜的伽利略踏上一条共同的道路:那就是被这部分人认为你在瞪着眼睛说瞎话,因为你所说的和他们亲身体会的大相径庭。

3.6 争论

也许你会认为你的看法是正确无误的,但是要加以证实的话却很麻烦。假设坐在"会变魔术的秋千"上的人是你,你如何让你身旁的那些人承认是他们错了?

再假设这场争辩的主角是我和你,我们一起坐在这个秋千上,秋千开始晃动了,就在马上要绕着檩转圈时,我和你开始了辩论:没有动的到底是秋千还是屋子?在此要说明的是,我们辩论的整个过程,都不要抛开秋千,还要带好所有要用到的物品。

你:的确是屋子在转动,我们只是在秋千上面坐着,这是不需要怀疑的!如果我们坐的秋千真的在转圈,那秋千底朝上而我们头朝下时,就会从秋千上摔下去,而不会倒挂在半空。

瞧,我们坐的很稳,根本没有要掉下去的迹象。可见秋千没有动,是屋子再转。

我:还记得快速转动的水桶吧,它底朝天时,桶里的水并没有洒出去。在"魔环"里骑自行车,骑车的人头朝下时,也没有掉下来。

你:那么,我们只好来计算它的向心加速度了,来确定我们能否从秋千掉落。确定了我们离旋转轴有多远和秋千每秒转多少圈,按照公式我们很快就算出来……

我:还算什么呀!建造这种秋千的人,为了避免我们的争论,早就说过,秋千的转数能够迎合所有的想象,因此,我们还有什么必要来计算呢。

你：可是，我还是想让你明白事情的真相。看到桌子上的那杯水了吧，一点也没有往外流……只是，这个例证已经完全让你驳回了，因为有水桶的旋转试验。这样吧，让我们来看这个铅垂，我向下拿着它，就是让它朝着我们脚，如果屋子静止而我们在旋转的话，铅锤会一直朝向地面，也就是说，他会一会儿朝向我们的头，一会儿朝向旁边。

我：不对呀，假如秋千带着我们飞快地转动，那末，顺着旋转的半径从旋转轴向外抛出去的铅垂，就会一直朝着我们的脚。

3.7 争论结束了

是时候告诉大家在这场辩论中，取胜的最好办法了。先准备好一个弹簧秤，并把它带上秋千，然后把一个 1 千克的砝码放在秤盘里，仔细观察指针，如果秋千没有动的话，指针会一直停留在 1 千克的位置。这样你就赢了。

实际上，假如我们真的在绕轴旋转时，带着这样一个弹簧秤，那砝码除了重力以外还，还会受到离心作用。当砝码的重量加大时，离心作用在圆周下半圈的各点上；当砝码的重量被减小时，则离心作用在圆周上半圈的各点上。如此一来，我们会看到砝码一会儿变轻，一会儿又变得重些，一会儿又像一点重量也没有。我们都没有看到这种现象，那就说明是屋子在旋转，而我们只是坐着。

3.8 "魔球"的奥秘

有这样一个特殊的、极富教育意义的转盘。它是一间旋转着的球形小屋，人进入这间小屋后，就仿佛置身于童话之中，或者是在梦境里。

我们先来看一下,一个人站在快速旋转的圆形平台上,会有什么样的感觉。人在旋转中觉得自己要被抛出去。越在靠近边缘的地方,这种体会就越深。把眼睛闭上,你会觉得自己在一个斜面上站着,身体无法平衡(图3-9)。这是什么原因呢?让我们看一下作用在你身上的力,就知道了。在旋转运动中,你的身体被抛向外边,而重力向下。按照平行四边形规则,两个力组合后就会有一个向下倾斜的合力。这个力随着平台转速的增快而增大,倾斜得就越明显。

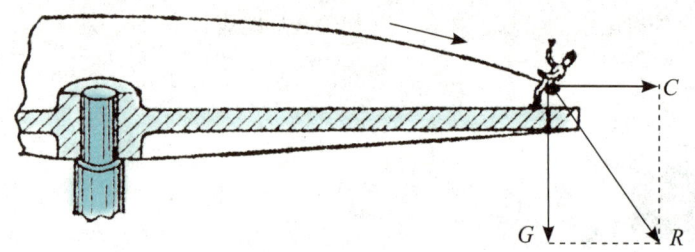

图 3-9 人位于旋转平台边缘的感觉

我们假设平台的外缘是一个向上翘起的斜面,你就站在这个斜面上(图3-10)。如果平台不转,你在这个斜面上就会溜滑或者摔跤,根本无法站立。若平台旋转,情况就完全不同了。当平台达到了一定的转速时,你会觉得这个斜面变得水平了,因为,此时作用在你身上的那两个合力的方向也是倾斜的,并且与平台的斜面成90°。

如果旋转台的表面是个曲面,当它旋转的速度合适时,每一个地方都与合力相垂直。因此,那些站在平台任何点上的人,都有一种水平站立的感觉。由数学计算可知,这是一种特殊的几何体——抛物体的面。在一个玻璃杯中注入半杯水,然后绕着一个竖直轴快速旋转杯体,就看见玻璃杯中,贴近杯壁的水升高了,杯子中间的水下降了,此时的水面就是我们亲手制造的抛物面。

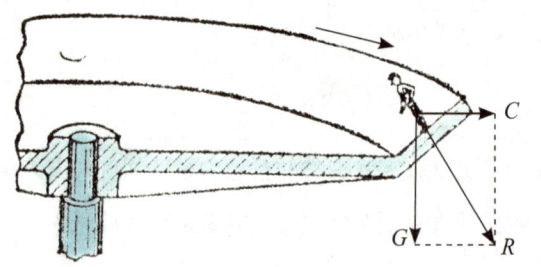

图 3-10 在旋转的平台斜面,人站得非常稳

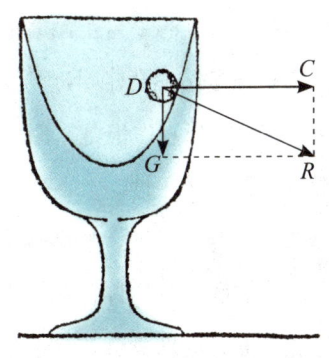
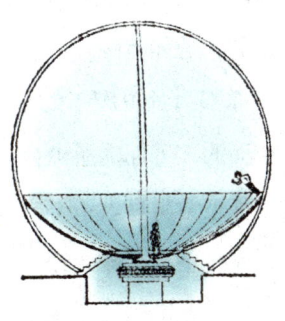

图 3-11 如果这个杯子达到了一定的转速,小球就不会掉落

图 3-12 "魔球"的切面图

如果用融化的蜡来代替玻璃杯里的水,然后用同样的方法旋转杯子,直到杯里的蜡凝固后再停下来。此时,蜡体的表面就是一个非常精准的抛物面。抛物面在一定的速度下对重物而言就像一个水平面。把一个小球放进去,它没有掉落,并且还乖乖地留在原地(图 3-11)。

了解了上面的内容,再来看"魔"球的构造,就不难理解了。

我们一起来看这幅图,一个很大的旋转台被制成"魔"球的底(图 3-12)。它的面就是一个抛物面而已。平台下面暗藏的机械设备使球转得相当稳。即便如此,假如身边的物体没有和人一起转动,那么人们还是会有头晕的感觉。为了给台上的人一种静止不动的感觉,我们把一个很大的玻璃球扣在这个旋转台的外面,并且让大球与旋转台一起以相同的速度转动。

图 3-13 左:人在魔球中的实际位置。右:人在转动的魔球中感觉的对方的位置)

49

这样,"魔"球就做成了。假如在"魔"球里的平台上站着的人是你,那你的感觉又是如何呢?平台开始旋转,不管你是站在台轴附近,还是站在台的边缘,你都会觉得脚下的地面是水平的(图3-13)。但是,眼前的这个平台真是曲面的,可你的肌肉会告诉你的身体,脚下是平地。

这两种感觉简直太不一样了。假如你站在平台的边缘,然后再走到另外一个边缘,你会感到大球太轻了,就像一个巨大的肥皂泡,你往哪里走它就侧向哪一边;因为无论你站在哪个点上都觉得是平面。当你看到在其他位置站立着的人,会感到莫名其妙,这些人居然象苍蝇一样在墙上走来走去。

若是不小心不把水洒在球里,水会迅速散开,最后顺着球的曲面形成一层薄膜,而球里的人此时会觉得自己的面前多了一堵斜墙。

重力在这个魔球里,仿佛失去了作用。而我们就像置身于一个奇妙的童话般的世界。

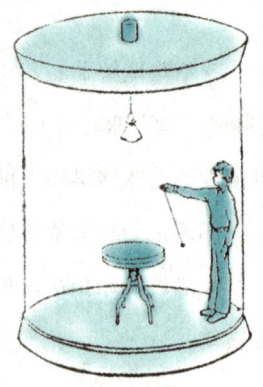 

图3-14 旋转实验室的实际位置　　图3-15 人在旋转实验室里感觉到的位置

飞行员是体会最深的人了,当他驾驶着飞机在空中高速盘旋飞行时,也会产生这种感觉。举例来说,如果他用每小时200千米的速度沿着一个半径是500米的曲线飞行,这样他感觉地面有一个坡度,大约16°。

为了更好地进行科学研究,科学家们就曾经建造过这样一个旋转实验室。这个实验室是直径为3米的圆柱形房间(图3-14,图3-15)。它的速度是每秒50转。由于这是一个地面平整的实验室,它在旋转时,墙壁附近的人觉得屋子在向后倒去，因此，人们会不由自主地让自己贴着墙壁。

3.9 液体望远镜

我们都知道反射望远镜吧，它上面的反射镜为抛物面时，是最好的望远镜。就是液体随着容器旋转时，水的表面形态。为了能得到这种镜面，望远镜的研发人员，付出了大量的时间和精力。伍德是美国的一位物理学家，为了突破这个难题，他发明了一种液体镜面：在一个比较大的容器里，放入适量水银，然后让它们旋转，直到一个最佳的抛物面出现。因为水银的反光作用非常强，所以望远镜里的反射镜完全可以用这种抛物面代替。

这类望远镜也有它的不足之处，由于镜面是液体的，一旦发生震动，镜面就不再平滑了，因此，看到的像也不再是原来的形状了。还有就是水平的镜面最大的观察范围受镜口的影响，像井底观天一样，只看到天顶正上方的星体。

3.10 "魔环"

大家对杂技并不陌生吧，其中有一种令人发晕的自行车表演：演员骑着自行车，绕行在一个大圆环里，自下而上，当行驶到这个环的上面时，只好头向下骑过去，这样才能绕一整圈。在杂技团的表演场地上，有一条用木板铺成的小路，中间有与小路相同的一个或几个凸起的环，我们一起来看图3-16，骑着车的演员从环前面的斜坡快速下行，再快速冲上圆环，然后头向下骑过圆环的顶部回到地面。

看完这个令人头晕目眩的表演后，大部分观众的第一反应是，这个演员真是技艺超群！还有的观众会扪心自问："这位演员头朝下也没有摔下来，到底是什么力在起作用呢?"另外一些人则觉得是自己的错觉,他们知道魔术里并不存在神奇的力量。其实我们完全可以用力学的基本原理,解释这个看似神奇的魔术。假如我们把一粒子弹放在那

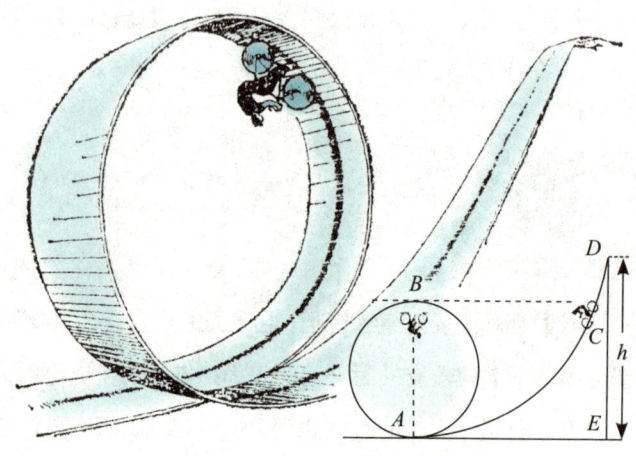

图 3-16 "魔环"右下角是计算用的几何图形

段斜坡的最高点,就是演员向下冲时的起点,然后让它滚下去,此时,子弹俨然就是一个出色的演员,顺利走完全程。我们只见过一种很小的"魔环",那是在学校的物理实验室中,用它也能做这个实验。

找一个很重的球,这个球的重量是演员与自行车的重量之和,让它顺着环形路滚动,如果球能顺利滚过这段路,那么,演员也能顺利地完成表演任务。这个方法通常用来检验"魔环"的坚固程度。

大家应该很清楚了,完成这个表演的原因其实和旋转的木桶是同样的道理(见《"消失"的重力》)。但是,这个魔术也有失败的时候,因此,演员的发车速度非常重要,我们要准确地计算出来,不然就会发生难以预料的事故。

3.11 杂技中的数学

大家都不喜欢那些枯燥无味的公式,有的人一看到这么多的公式就会有头疼的感觉。可是,对于一些现象,如果不从数学角度加以分析的话,就无法预见现象发生的必要条件以及过程。例如上一节讲到的"魔环"表演,在这里只

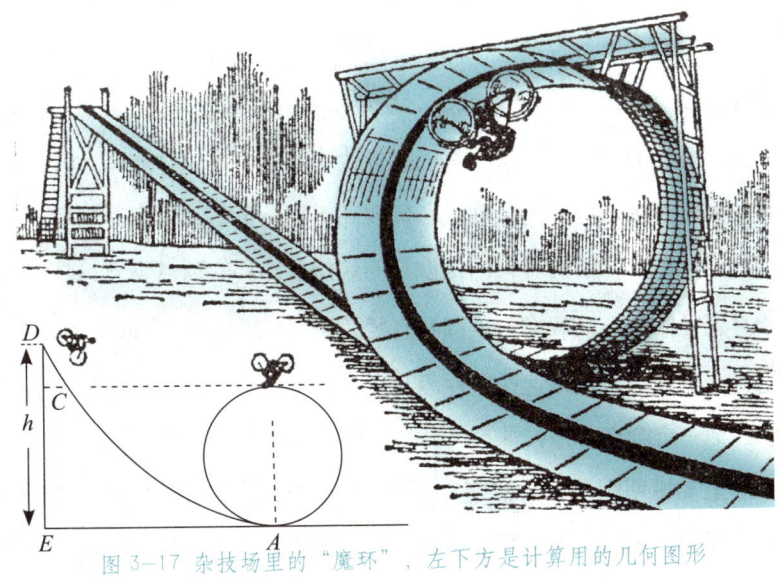

图 3-17 杂技场里的"魔环",左下方是计算用的几何图形

需要两三个公式,就能准确地计算出完成这个游戏要具备的条件。

现在我们就开始计算,见图 3-17:

有一些数值,我们用下列字母表示:

演员始发点的高度为 h;

始发点的高度与"魔环"最高点的高度之差为 x,在图 3-17 中不难看出,
$$x = h - AB;$$

环的半径为 r;

演员和自行车的重量之和为 mg,单位为 kg;

地球的重力加速度为 g,$g = 9.8 \text{m/s}^2$;

演员在环的最高点时他所骑自行车的速度为 v。

我们将以上的全部数值,代入两个方程式。大家明白,从斜坡向下行驶的自行车,在与 B 点高度相同的 C 点处,其速度等于自行车到达圆环最高点 B 的速度。第一个速度用方程式表示为:$v = \sqrt{2gx}$ 或 $v^2 = 2gx$。演员位于 B 点时的速度与这个速度是相同的。

下面,为了保证演员顺利通过 B 点,这时就要使向心加速度比重力加速

度大，所以：

$\dfrac{v^2}{r} > g$ 或 $v^2 > gr$。根据 $v^2 = 2gx$；所以 $2gx > gr$ 或 $x > \dfrac{r}{2}$。

由此可知，为了能够让这个魔术表演取得成功，搭建"魔环"时，要让起始斜坡的最高点高于圆环的最高点，需要高出的距离不小于圆环半径的一半。路坡度的大小没有任何妨碍，只是演员的起始点比环的顶点要高，高出的距离不小于环直径的 $\dfrac{1}{4}$。我们假设圆环直径为 16 米，则演员应该在 20 米处或更高的地方开始表演。假设这些条件没有达到，那么不管有多高的技术都无法完成表演，他一定会在中途掉落。

在这里要说明的是：我们忽略了自行车的摩擦力，把 B 点和 C 点的速度看作是相同的，所以，路不要铺设太长，斜坡要陡峭些。假如斜坡过于平坦，由于摩擦力的作用，到 B 点时自行车的速度会小于它在 C 点的速度。

需要说明的是，这个表演魔术用的自行车并没有安装链条，演员骑着自行车完全在重力的作用下行驶。因为自行车的加速或者减速在这里毫无意义，更不能这样做。自行车千万不可以有丝毫的倾斜，因为会有被摔出去的危险。演员骑着自行车在圆环绕行的速度非常快，圆环长度是 16 米，3 秒钟走完全程，那么它的速度就是每小时 60 千米。当然，要使自行车以这种速度行驶，那骑自行车之人的技术一定非常高超，但也很容易，只要把力学规律运用得当，就事半功倍了。在"魔球"演员的日记里，有这样一段话：只要具备精准的运算结果，足够结实的表演道具，车技表演本身是很安全的。如果演员由于紧张而两手发抖，自己无法控制时，很可能表演失败，更重要的是他也许会摔下来。

另外一些特技演出，它们主要依据的也是这条定律。我们看到的飞机翻跟头表演，其实就是飞机绕着曲线快速飞行，还有就是，飞行员的技术要相当熟练。

3.12 聪明的商人

有一个人，平时总爱耍些小聪明。一天，他对别人说，他有一个好主意，不需要用欺骗的手段，就能够达到少给买方份量的目的。这个好办法就是：在赤道附近的国家买来东西，然后去南、北极附近的国家销售。我们都很清楚，同一个物体，把它放在赤道附近要比放在两极附近重量会略有下降。我们把重量为1千克的物体，由赤道带到两极，这个物体的重量会增加5克。前提是，我们称量物品用的称，必须是在赤道上就做好刻度的弹簧秤。如果不具备这个条件，你就会一无所获。在物品重量增加的同时，砝码也随之增重。如果你去秘鲁购置了一吨赤金，然后运到西班牙出售，假设运送途中没有任何花费的话，你的确能够有所获利。

我觉得这种方法，不会让我们达到致富的目的。但是，从实质上讲，这位爱耍小聪明的人并没有错：重力随着离开赤道距离的增加而增大。原因是：物体位于赤道，就会随着地球的自转而绕大圈，另外，在地球上，赤道附近的地表稍凸一些。

地球的自转导致重量减轻。它使物体在赤道的重量比在两极减少 $\frac{1}{290}$。

如果物体很轻的话，它从一个纬度移动到另外一个纬度，重量不会有特别明显的变化。可是对于那些很重的物体，就会相差非常明显。也许你没有考虑过，一艘巨轮，在苏联的莫斯科称得的重量为 60 000 千克，行驶到阿尔汉格尔斯克后重量居然增加了 60 千克，等在达奥德萨停下来时，再次称重，就会发现又减少了 60 千克。南方的港口，每年都接到从斯匹次卑尔根群岛运来的煤炭，高达 30 000 万千克。假设我们从斯匹次卑尔根群岛出发，带着这些煤炭和弹簧秤，等到了赤道上的一个港口，用我们自备的弹簧秤称得：重量减少了 120 万千克。有一艘航母，在阿尔汉格尔斯克的重量是 2 000 万千克，等接近赤道时，重量减少 8 万千克，由于其他物体的重量也随之变轻了，包括航母下面的水，因此，这种变化不易被人察觉。

我们来做一个大胆的设想，假设地球加快了自转的速度，一天由 24 小时变成了 4 小时的话，那么物体在赤道与在两极的重量，相差更悬殊了。这样一来，在两极重量为 1 千克的砝码，拿去赤道就会发现仅剩 875 克了。这种重力情况，只有在土星上才会出现：所有的物体，在土星的两极比在赤道要重 $\frac{1}{6}$ 倍。

地球要以什么样的速度旋转，才会让赤道上的向心加速度等于地球的重力加速度呢，也就是增加赤道处的向心加速度，让它升高到原加速度的 290 倍。根据向心加速度跟速度的平方成正比，很快就可算出，要达到这种情况，地球的旋转速度为现在的 17 倍（17 × 17 ≈ 290）。此时，物体就不会给支持它的东西施加压力了。也就是说，当地球以目前速度的 17 倍旋转时，物体放在赤道上就会失去它的重量。而土星，只要是它以目前速度的 2.5 倍旋转时，也会有类似的情况发生。

第4章

万有引力

第4章 万有引力

4.1 很小的引力

阿拉格是法国的一位天文学家,他曾经写道:"假如我们没有看到物体的随时掉落,这种现象对我们来说简直是个奇迹。"我们只是习惯了地球对物体的吸引,认为这一切都是理所当然的。如果有人告诉我们,物体彼此间是一种互相吸引的状态,而不是用一个去吸引另一个。我们很可能会怀疑这句话是错误的,主要是由于在平日里我们没有看到过这类情形。

这个著名的万有引力定律,怎么在我们身边一点也看不到呢?桌椅、水果还有人们之间的相互吸引,怎么就无法察觉呢?这是因为,体积比较小的物体,引力也会相对较小,例如,两个中等体重的人,彼此间的距离是2米,由于万有引力的作用,他们相互吸引,但这个引力实在太小了,还不到0.01毫克。也可以说成,这两个人之间的引力和1克砝码十万分之一的重量相等。当然,这么小的重量,只有在科学实验室中,用精准的仪器才能称出来。在他们的脚与地面之间存在着相对很大的摩擦阻力,而引力又极微小,所以不足以使我们的位置发生改变。让我们进一步加以佐证,就拿木质地板为例吧,脚与地板的摩擦力为体重的30%,因此使它们移动位置需要的最小的力是20千克。这与还不到0.01毫克的引力比起来,那真是天壤之别呀,1 000克的1‰是1克,1克的1‰是1毫克,因此我们移动位置的最小力量是这个引力的20亿倍,完全可以忽略不计了。可见,在我们的日常生活中,地面上各种物体间的相互吸引是很难被看出来的,难道不是吗?

假如摩擦消失了的话,那情形就大不一样了:物体之间即使引力再小也能够被拉近。只是这两个人在0.01毫克引力的作用下,行进的速度非常慢。通过计算可以得出,两个人的距离是2米,不计摩擦阻力,他们60分钟内相互靠近了3厘米；然后又移动了60分钟，相互靠近的距离是9厘米；紧接着又走了60分钟，相互靠近的距离是15厘米。虽然他们行进的速度在不断加快，但是这两个人贴在一起的话，还是需要经过5个小时的努力。

一旦失去了摩擦力的阻碍作用，我们就会感觉到地球表面各个物体间的引力。在麻绳上悬挂的重物，由于地球的引力，麻绳会指向地面。假如这个重物还被旁边另外一个更大的物体吸引着，那么这根麻绳就不再垂直于地面了，而是会沿地球与这个物体各自引力所成的合力方向指去。其实，这是一种偏离现象，1775年才被首次发现。苏格兰物理学家马斯基林当时在一座山的附近测量山两侧铅垂与指向星空极方向两者所成夹角的大小。结果发现测得的数值并不相同。随着时间的推移，他又研制出了一种更先进的仪器，成功地完善了天平对地表所有物体之间的引力的实验。有了这些的依据，万有引力的大小就能被精准测定了。

当物体的质量比较小时，它们相互间的引力也极其微小，是可以忽略的。这种相互间的引力也随着物体质量的增加而增大，它与物体质量的乘积呈正比的关系。然而，有些人会故意把这个力说的很大。曾经有一位科学家，这里要说明的是：他没有置身于物理学界，而是一位动物学研究者。他说，在万有引力的作用下，两艘航船之间的引力是能够看到的，并且总是想说服我们同意他的观点。在这里，我们通过计算就能证实，此处的引力的确很小：两艘航船的重量均为2500万千克。它们之间的距离为100米，那么此时的引力就是400克。我们都知道400克的引力根本无法让这两艘船的位置有任何改变。关于航船之间的引力，还有它更为重要的原因，后面的章节还会讲到。

图4-1　由于太阳的引力，地球E的旋转路线发生弯曲。在惯性的作用下，地球试图沿切线ER飞去

在宇宙中,星体的质量是非常大的,它们之间的引力也就大得令人震惊。我们都知道,海王星是在太阳系边缘旋转的,它离我们相当遥远,可是它与地球之间的引力居然有18亿千克。太阳离我们也很远,在引力的作用下,才能够让地球在自己的轨道上正常运转,如图4-1所示。假如地球失去了太阳的引力,那它就将顺着轨道的切线进入漫无边际的宇宙,并且会一去不复返。

4.2 地球与太阳之间的钢索

假设由于某种不可知的原因,太阳失去了它强大的引力,地球则难以摆脱它凄惨的境遇:掉入那清冷并且深不可测的宇宙空间里。此时让我们发挥自己最大的想象力,假如科学工作人员想要把那些看不到的引力线用钢索来代替,也就是说,他们想在地球和太阳之间安装一些足够坚固的钢索,让地球继续按照原来的方式运转,可是,什么样的钢索才能承受得住每平方毫米100千克的拉力呢?设想一下,有一根钢铁材质的圆柱形物体,它的直径5千米,切面为20 000 000平方米,因此拽断这根圆柱需要用2万亿吨重的物体。再假设这根钢索已经连接在了地球与太阳这两个星体之间,那么我们需要安装多少根这样的钢索,才能让它们稳固相连?答案是:200万根!这些钢索分布在陆地和海洋上,会是一种什么情形呢?如果它们都密布在地球朝向太阳的那一半面,那么相邻钢索间的空隙只略大于钢索本身。这犹如森林般的钢索世界,要拉断它该用多大的力量呀!可想而知,存在于地球与太阳之间的引力简直是太大了!

就是这么大的力量,才使地球的运行轨迹发生了弯曲,产生每秒偏离切线3毫米的弯曲。这样地球就会在一个椭圆形的轨道里运行。可见,地球每秒偏离3毫米的距离,就需要这么大的引力,这足以证明地球的质量实在是太大了,如此巨大的力量也只能让它移动这么短的距离。

4.3 能摆脱万有引力吗

假如地球与太阳之间没有任何引力存在，它们之间那条无形的钢索也就消失了，地球将投入那漫无边际的宇宙中。让我们来思考一件事情，假设失去了重力，物体在地球上的情况会有哪些不同呢？这时候它们不被任何力量所牵引，一个细微的动作就会使物体飞入太空。其实，就算是纹丝不动的话，所有与地球表面联系不紧密的物体，都会随着地球的自转被甩到空中。

正是因为有了这种启迪，英国作家威尔斯才创作了一本关于月球旅行的科幻小说，书名为《第一批登上月球的人》。书中介绍了一个在星球间穿梭旅行的方法，那就是：小说中提到的主要人物是一位科学家，他发明了一种东西，这种东西具有非常特殊的功效，如果把它涂在某个物体的下边，这个物体就不再被地球所吸引了，而会被其他物体吸引而去，威尔斯把这种东西叫做"垲佛立特"，这是根据故事情节中那个科学家的名字垲佛尔来取名的。

书中有一段是这样写的：

大家都很清楚，万有引力或重力能够把所有的物体都穿透。一件合适的东西，就能够把光线挡住，让物体避免它的照射；利用某些金属来包裹物体，它就可以免受无线电波的干扰，但是，无论如何都找不出一种能够隔阻地球或者太阳万有引力的物质。是自然界中不存在这种物质，还是它至今尚未被发现，这都不得而知。可是垲佛尔却知道其中的秘密，并且他认为自己还能够创造这种特殊的物质。

只要不是异常呆板的人就会知道，当这种物质真的出现了，好多不确定性的事情也会随之而发生。你想，假如要让一个物体升高的话，此时它的重量早已不再是主要的了，我们要做的只是将这种东西涂在物体的下边，然后一切就迎刃而解了——物体会像根稻草一样被轻易举起。

具备了这样的东西以后，一架特殊的飞船又在垲埗尔的创造之下问世了。它就具备了通往月球的一切要求，并且构造相当简单，连发动机都没有安装，它的动力是靠星体间的吸引力来完成的。

这架幻想中的飞船，在故事里是这样介绍的：

假如有一个类似于球形的设备，它的内部空间足够承载两个成年人以及他们的随身物品。飞船的机体是由内外两层构成的，里面是厚厚的玻璃胆，外面则是钢做的壳。携带这些高密度氧气、压缩干粮、蒸馏水制作仪等都是没有问题的。钢壳的外层都涂满了"垲佛立特"。玻璃内胆上唯一的缝隙，就是那扇供人们进出舱体的门。钢壳则是由很多块拼接而成的，并且每一块都能卷起来，就如同帘子似的。这需要用到特殊的弹簧。帘子的卷起或落下都由玻璃胆里面的一个按钮通过铂金导线来控制。我们说的都是一些技术上的细节。主要的还是飞船是用很多小窗子拼成的钢壳，并且上面都涂满了"垲佛立特"。关闭所有的小窗子时，各种光线、所有的辐射、以及万有引力都会被排斥在飞船之外。可见小窗子的防护还是极其严密的。假如，有一扇窗子被卷起时，那我们就会被远处与窗口相对的那个星体吸引而去。这样一来，我们就可以在宇宙间随意穿梭了，这会儿被某个星体吸引而来，过会儿又会被另外一个星体吸引而去，这样就完成了我们遨游星体的梦想。

 威尔斯小说中的主人公是怎样成功登月的？

威尔斯在故事中，生动地描绘了这艘飞船在地面上起飞的全过程。飞船在"垲佛立特"的作用下好像失重了一样。大家都清楚，物体失去了重量就会脱离地表：就如同软木由水底漂浮而上，地球的自转很快就会把飞船投掷到高空。于是它越过了大气层的边缘，自由自在地在宇宙中穿行。故事的主人公就这样开始了它的宇宙之行。在宇宙里，他们会根据需要而打开相应的窗子，飞船就穿梭在各个星体的引力间，例如它一会儿被太阳吸引而去，一会儿又被地球吸引过来……最后他们来到了月球。后来，他们当中的一个人，又在飞船的帮助下重新返回了地球。

在此，我们不必对威尔斯的想法做任何评析，我将在《星际的旅行》这本书中作重点来介绍。现在就让我们暂且抛开对威尔斯的质疑，随同故事的主人公一同踏上月球吧。

4.5 月球上的 30 分钟

此时，我们来关注一下，在威尔斯的故事中，主角们在月球上的体会，应该知道的是，地球的重量与月球比起来，不知又要高出多少倍了。

下面就是《第一批登上月球的人》这本书中，最有趣的情节（有些不太重要的部分，暂且被省略了）。

这是一位刚从月球返回来的地球人，作自己太空生涯的介绍：

飞船的门被我轻轻地打开后，我在飞船门口跪下身子，将头探出去，好奇地打量陌生的月球：只见在我头的正前面，大概 3 英尺左右的地方，有一片尚未融化的雪，它干净、洁白，从未被人踩踏过。

垲佛尔用被褥把身体包裹好，先在仓边坐下来，然后又很小心地探出双脚，还有半英尺距离就要踏上月球时，他停顿了一下，好像有些犹豫，可最终还是鼓足了勇气站在了月球之上。

我透过玻璃注视着他，只见他向前走了几步，又停下来四下张望，大概 1 分钟之后又跳向了前方。

我觉得，虽然隔着玻璃看起来不太真实，但垲佛尔跳得很远，一下子他就前进了大约10米。此时，他正站在一块岩石上不停地朝我挥着手，大概还在叫嚷，可是我却什么也听不见。令我不解的是，这么大幅度的跳跃他究竟是怎么完成的呢？

在好奇心的驱使下，我也走下飞船来到了那片积雪的旁边，又向前迈了几步，随后我也变成跳跃式前进了。

这种感觉就像飞一样。不一会儿，我也来到了垲佛尔所站立的石头旁边，我立刻用手紧紧抓牢这块石头，心里害怕极了。

垲佛尔弓着身子高声嘱咐我，叫我一定要当心。看到眼前的情况，我忽然想到：同一个物体，在地球上的重力要远远大于它在月球上的重力。一开始我却把这关键的一点给忘记了。

我小心翼翼地爬上岩石。如同中风的患者一样，缓慢地来到垲佛尔的身边，这是一个有阳光的地方。飞船就停靠在那片积雪的后面，离我们30英尺的地方。

"快瞧！"我转身对垲佛尔说道。

然而，却发现垲佛尔已经不知去向了。

当时，我确实被这个突如其来的状况吓坏了，呆呆地站在那里一动也不动。后来，我尝试着望向岩石的后边，紧接着我加快了前进的脚步，就像在地球上一样。在地球上，我行走1米所用的力，足够让我在月球前进6米。我现在所处的地方距离岩石5米。

我产生了一种梦幻般的坠入悬崖感觉。一个人在地球上摔倒，第一秒钟会跌落5米，换成月球的话只会跌落80厘米。这就是我一下子飘落了大约9米的原因。坠落的过程大概用了3秒钟的时间。在空中飘荡的我仿佛就是一片掉落的羽毛，轻飘飘地降落在了一个怪石嶙峋的峡谷。峡谷里那厚厚的积雪都没过了膝盖。

"垲佛尔！垲佛尔！"我朝着山谷高声叫喊。

猛然间，就在前面大约20米远的峭壁上，我发现了他。此刻他正在向我挥手，脸上还带着微笑。好像他还在说着什么，我虽然听不到，但是从他的动作里也能明白：他在招呼我过去。

我迟疑了，有些担心：我们离得简直是太远了。但转念又一想，垱佛尔能做到的事情，我也没问题。

于是，我使出浑身的力气大踏步向前跳跃。我如同一支被射入高空的箭，好像再也不会降落一样。这样的飞行，简直太神奇了，就好像是在梦中。让我觉得非常开心。

也许是我跳的幅度太大了，居然在垱佛尔的头顶上飞了过去。

4.6 月球上的射击

齐奥尔科夫斯基是苏联的一位科学家，他曾经写过一部小说，这部小说的名字叫作《在月球上》。下面是小说里讲到的一个故事，它让我们对重力作用下的运动条件有更清楚的认识。地球上所有物体的运动，都会因为大气层的阻力而由简单变得越来越复杂。本来简单的物体下落定律也因此增加了许多额外的条件。大气并不存在于月球上，因此我们要研究物体降落的话，月球可以说是最为理想的实验室了。

现在就让我们来读一下这个故事吧，这是两个人在月球上，关于子弹飞离枪口之后的运动方式进行的一场对话。

"可是，在这地界，火药能管用吗？"

"我觉得，空气会在火药爆炸时，起到一定的阻隔作用，而月球上没有空气，火药爆炸的威力应该会更大些。氧气在爆炸中是没有任何作用的，这是因为火药在制作中已经加入了充足的氧气。"

"就让我们的枪口对着上面发射吧，这样我们很容易就能把射出去的子弹找回来了。"

伴随着一道火光的划过，听到了那细小的响声和土地的微微颤动。

65

"怎么找不到枪塞了？它不会去很远的地方，应该就在身旁呀。"

"枪塞是伴随着子弹一同升空的，它应该和子弹同时降落。如果是在地球上，它会因为大气的阻挡而留下来。然而在月球上，石块和羽毛的下落速度完全相同。假设你拿着羽毛，我拿着铁球，就算是目标再远，我们也能以同样的方式打中。在月球上，物体重力是非常小的，因而，铁球会被我一下子扔出400米的距离。当然，这和羽毛扔出的距离是相同的。是的，羽毛不具备任何破坏性，而且你在扔时都没有要扔东西的感觉。看上去，咱俩的力气应该不相上下，那就让我们一起把手里的物品，朝着那块通红的火焰石扔去吧……"

只见，羽毛就像前方有人拿线牵着似的快速前进，结果它比铁球还要早到一步。

"这到底是怎么啦？子弹射入空中已经有3分钟了，居然还没有掉在地上！"

"别急，我们再等会儿，也许过两分钟，它就会自己掉下来的。"

真的就在两分钟之后，子弹掉落在地面上，并引起了一阵震动，被他们马上察觉到了。同时，他们还发现了那个正在附近翻滚的枪塞。"

"子弹在这么长的时间里能飞多高呢？"

"在这种没有空气阻力而重力又非常小的情况下，子弹飞出的高度为70千米。"

就让我们通过下面的公式来加以验证。假如子弹刚被射出时，会以每秒500米的速度向上飞去，忽略地球上的空气阻力，子弹升高的距离为：$h=\dfrac{v^2}{2g}$，$\dfrac{500^2}{2\times 10}=12\,500$ 米。我们简写成12.5千米。又因为月球与地球的重量之比为1∶6，因此 g 也也应该是 $\dfrac{10}{6}$ 米/秒^2，得出子弹的高度为 $12.5\times 6 = 75$ 千米。

4.7 无底洞

迄今为止，人们还没有把地球核心的组成成分研究透彻。一部分人觉得，被坚硬厚实的地壳紧密包裹的，会是一些滚烫的液态物质。还有一部分人觉得，地球从内到外就是一个固体。这个问题的答案非常复杂：目前矿井的深度只能达到 7.5 千米，人能够进入的最深的矿井也只有 3.3 千米。（某金矿，位于南非，以海平面为界，矿井在海平面以上 1600 米，在海平面以下 1700 米。）但是地球的半径却高达 6400 千米。

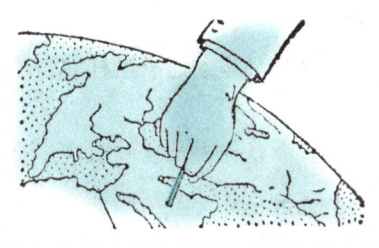

图 4—2 假如顺着地球直径钻个洞……

假设我们能够顺着地球的直径开凿一条隧道的话，这个问题就迎刃而解了（图 4—2）。凭借现代的开发手段我们还不能完成这个壮举，虽然地球上所有的井连接起来的深度已经远远大于地球的直径了。在 18 世纪，数学家莫佩缔和伟大的哲学家伏尔泰，都曾经产生过开凿地球隧道的想法。在法国，这个想法引起了天文学家弗拉马里翁的重视，并且还绘出了相关的图纸。

虽然到现在还没有人来实施过，但是我们可以根据他们的描绘假想一个无底洞实验。当你不小心跌入洞中会有哪些意外发生呢（不计空气的阻力）？而这个洞是没有底的，你最终会在哪里停留呢？是地球的中央吗？回答是否定的。

就在你跌至地球的核心地带时，身体会迅速向下坠落（每秒 8 千米左右），不给你留下任何停留的机会（图 4—3）。下落的速度越来越慢，这样你就到达了洞的另一端，此时你一定要抓牢洞口，不然的话你还会再重复一次刚才的旅行。假如你抓不到任何东西的话，就会这样一直在洞中游荡。根据力学的原理物体在这种情况下会重复运动（忽略空气阻力）。

此时，你也许会问，要用多长时间才能完成这么一次有趣的往返穿行呢？答案就是：1 小时

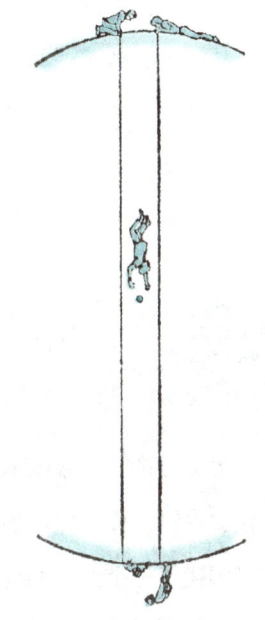

图 4—3 物体坠入穿过地心的洞，就会在洞的两端来回摆动，往返一次需要消耗 1 小时 24 分 24 秒的时间

24分24秒。

弗拉马里翁还有这样的表述：

之所以会产生这种表现，是因为这个洞是贯穿南北两极的。假如我们把洞口开在其他纬度上，那就必须考虑到地球自转的影响了。大家都清楚，一个点在赤道上的运行速度为每秒钟465米，如果换做巴黎的话就会变成每秒钟300米。因为离地球自转轴越远，圆周线速度就越大，所以，物体在洞中就会稍微向东倾斜下落，而不是垂直的。假如这个洞是在赤道上的，洞的直径就应当很大，由于从地面落入的物体就会偏向地心东边很远。

如果南美洲的高原为这个洞的入口所在地，假如高原的高度为2000米的话，那么出口应当在海洋上。那个无意间坠落洞口的人，在对面出洞后还会向上飞行2000米的高度。

假设洞口的两端都在海洋的水面上，则穿行洞中的人到达洞口时就会停下来。如果是上面一种情况，我们千万要谨慎些，不然的话就要和那位飞速出洞的穿越者发生碰撞。

4.8 神奇的道路

很久以前，一本书名为《贯穿圣彼得堡和莫斯科的自动地下通道》，是一本仅有三章，尚未完成的科幻小说的小册子，在圣彼得堡发行。在这本书中，作者阐述了一个有趣的施工方案，令那些物理学爱好者深感兴趣。

他想要开凿一条能贯穿俄国新旧两个首都的地下通道，通道的全长为600千米。这样一来，人们就可以直接行走于两个城市之间，而不必在地面上绕来绕去了。这将开创人类道路历史的先河（作者的意思是，正在应用的都是一些环绕建筑物的弧形道路，这是第一条笔直的沿着弦的道路）。

图4-4 假如在圣彼得堡和莫斯科之间修一条通道,行驶在里面的火车,不用需要车头的帮助,仅凭自身的重力就能在里面往返行进

假如这条地下通道真的竣工了,那它就拥有了世界上独一无二的道路特性:无论哪种车子都能够在这条路上自己行驶,而不需要任何动力。还记得我们前面讲到的那条连接地球两极的无底洞吗?这两个城市之间的通道,其实就是一个无底洞,不同的是它没有经过地心,只是顺着一条弦修建的,如图4-4所示。我们看这幅图的第一眼就会认为这是一条水平的通道,火车在里面穿行绝对不可能仅依靠本身的重力。但是,的确是我们产生了错觉,我们可以在通道的两端各画一条地球的半径(这两条半径分别也与地面成直角),很容易就能看出,通道与垂直于地面的半径之间是斜的,而并不是成直角。

随便哪种物体,都可以凭借自身的重力,在这条倾斜的通道里贴着底部往返穿行。假如通道里铺设铁轨的话,那么火车会在重力的牵引下在里面平稳滑行,而火车头在这里完全失去了作用。最初,火车行驶的速度并不快。不一会儿,火车就开始提速了,很快火车行驶的速度便会大得无法形容,甚至通道中的空气会成为火车行进的障碍。在这里我们只探讨火车的运动,把空气的阻力作用一概忽略。当火车就要到达通道的中间时,它行驶的速度最快,就是炮弹的速度也要比它慢好多倍。火车将会以这个速度行驶到出口。假如不存在摩擦阻力,火车就会在没有火车头的情况下,从圣彼得堡自己直接开到了莫斯科。

火车单程所用的时间为:42分12秒,这和物体通过连接地球两极的无底洞所用的时间竟然相同。这是巧合吗?不管通道长短如何,用的时间都是固定的。在圣彼得堡行驶到莫斯科,从莫斯科行驶到海参崴或者澳大利亚的墨尔本,所用的时间都相同。

甚至连车的种类都不限制,推车、动力车、马车等,穿过这条通道用的时间也都相同。这条犹如童话一样的道路,它本身并不会动,只是物体能够在它上面,用难以形容的速度前进,并自发地从起点直至终点。

4.9 隧道是怎样挖成的?

通常情况下,开凿隧道的方法基本上有三种,我们一起来看图 4-5,你能看出哪一条是水平开凿的隧道吗?

第一幅图不是,第三幅图也不是,你说对了吗?是的,就是第二条。这是一条沿着弧线开凿的隧道,过这条弧线上的任意一个点的切线都与地球的半径成直角。这条隧道是水平的,主要是由于它的曲率与地表完全相符。

具有一定规模的隧道,一般情况下都是按照图 4-5 的方法建成的:在要开凿的隧道的两端,画出两条与地面相切的直线,隧道就是沿着两条直线的延伸线建造的。这种样式的隧道,最初会有一个小的隆起,然后再形成一个略微向下的斜度,如此一来,隧道里的水就会很自然地从洞口流出去。

如果隧道是水平的则会呈弧形,而隧道里处于平衡的状态的水,根本无法向外流出。假如这种隧道的长度大于 15 千米(瑞士辛普仑隧道的长度为 20 千米)的话,人站在隧道的一头,根本就看不见另一头的事情,这是因为人的目光被隧道的顶挡住了,也是由于隧道的两端低于它的正中间不小于 4 米。

还有一点是,如果隧道是沿着直线开凿的,那么这条隧道就会呈现中间低而两头稍高的状态,水不但流不出来而且还会向隧道中间的低洼处汇聚。这时隧道的两端就可以相互瞭望了。上述内容,在图中都看得出来。

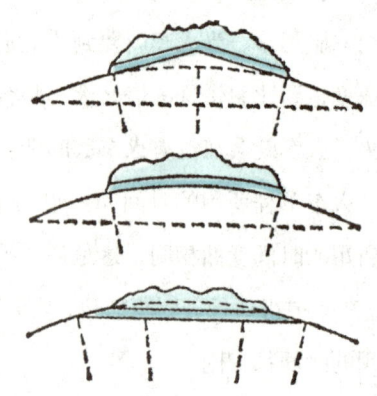

图 4-5 通过山体开凿隧道的三种方法

第5章

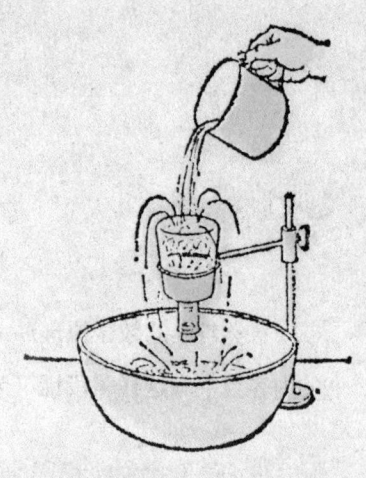

乘着炮弹去旅行

5.1 牛顿山

《自然哲学的数学原理》一书，是万有引力的发现者牛顿的著作。在这本书的内容当中有这样一段话（为了方便阅读，在此对原文进行了意译）：

石头在扔出去之后，由于重力的作用，不再直线降落，而是与地面的降落点之间形成了一条弧线。石头被扔出的速度越大，所形成的弧线就越长，这条弧线的长度有可能是10英里、100英里、1 000英里，更有甚者石头扔出后，超越了地球的界限根本就无法测量了。看图5-1，地表为 AFB，地心为 C，从山的顶峰扔出的物体不同速度下形成的曲线为 UD、UE、UF、UG。假如没有大气的存在，就是不考虑空气的阻力。速度最小时物体的运动曲线是 UD，速度再大些时为曲线 UE，速度更大时为曲线 UF、UG。物体在一定的速度下就会绕行地球一周后又重回出发点，由于物体回来的速度与最初扔的速度基本相同，因此它还会按照刚才行进的曲线继续前行。

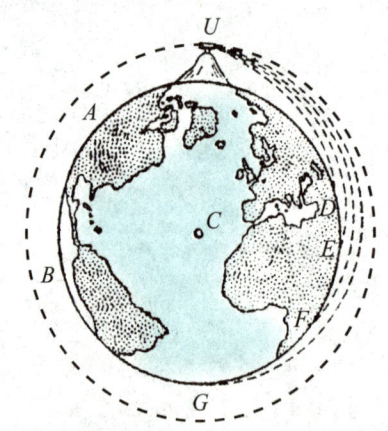

图5-1 在山的顶峰用极快的速度朝着水平方向扔石头，石头的下落情况

假如在这个山的顶峰发射一枚炮弹，速度合适时，就会围绕地球一直转圈，并不用担心炮弹会掉落。由计算可得发生上述情况需要的速度为每秒8千米。也就是说，当炮弹的速度达到每秒8千米时，它就会置身于地球的上空成为地球的一颗卫星。它的速度比赤道任意点的速度大17倍，因此炮弹要用84分钟才会走完全程。

假如炮弹的速度能够达到每秒 11 千米时（忽略空气阻力），它的行驶线路就会变成一个椭圆形，并且会在与地球距离更大一些的上空。

那么儒勒·凡尔纳的工具在月球上是否适用呢？我们看，现实中的炮弹运行速度为每秒不大于 2 千米，这个速度只是能够到达飞到月球所需最小初速度的 $\frac{1}{5}$。可故事中的人们认为，只要制造的炮弹足够大，并且有充足的火药，炮弹就会获得很大的速度射到月球上去。

5.2 想象中的炮弹

就这样，一尊大炮就在大炮会所工作人员的努力之下诞生了。炮身长度为 250 米，在地下垂直埋放着。当然，还制造了与炮身相匹配的炮弹，里面被设计成了客舱，这个炮弹的重量为 8 000 千克。大炮里面塞进了 160 000 千克火棉作为火药。小说作者的想法是，炮弹在火药的推动下会以每秒 16 千米的速度前进，由于空气的摩擦，这个速度会下降为每秒 11 千米。于是儒勒·凡尔纳坐在炮弹里穿过地球大气层，以理想的速度奔向了自己梦想中的月球。

上面这段话是小说中的故事情节。在物理学方面应该怎么解释呢？

从物理学的角度来看，儒勒·凡尔纳的创意中最不合理的方面，通常会被大家所忽略。那就是：以火药为动力的大炮，其炮弹的最大速度也只能达到每秒 3 千米，这一点早已经被科学家证实过了。

还有就是空气的阻力，这一点儒勒·凡尔纳在整个设计中都没有提到。炮弹直径太大了，它的行进方向在空气阻力的作用下可能会发生偏斜，甚至会被完全改变。此外，还有一些更为严重的漏洞，蕴含在这个乘着炮弹登月的计划之中。

最主要的危险还是对乘客而言。大部分人都会认为，危险存在于从地球向月球飞行的过程中。其实如果炮弹中的乘客能够毫发无损地离开炮口的话，那接下来的飞行过程是相当安全的。圆形的车厢载着人们在宇宙间飞驰，速度快极了，但里面的人不会受到任何影响。这就如同地球绕着太阳高速旋转，但生活在地球上的人没有任何不舒服一样。

5.3 致命的帽子

乘客们的危险之处就是：点燃火药后，炮弹在炮膛里向外运动的那一瞬间，也就是百分之几秒的时间。因为乘客会在这极其短暂的时间里，速度由零增加到每秒 16 千米。这也是小说的作者在描述开炮之前乘客吓得浑身哆嗦的原因。巴毕尔肯曾经说过，在炮弹发射之际，炮弹里乘坐的人和在炮弹前面站立的人，面临的危险系数是相等的。在此看来这句话是正确无误的。这是因为，发射炮弹时冲击人们所在舱底的力量，与炮弹在行进途中打击物体的力量相等。故事的主人公没有想到还存在这样的危险隐患，他们能预料到的最坏的危险只不过是磕破头皮而已。

真实的情形比我们想象中的还要糟糕。炮膛里的炮弹做的是加速运动：点着火药爆炸时形成的气压不断增大，炮弹的运动速度就会越来越快，从零到每秒 16 千米的增速过程必须在 1 秒之内完成。为了便于计算，我们暂且假设这个加速的过程是均匀的。因此只有在加速度达到 $600\,km/s^2$ 时，炮弹的速度才能在这一瞬间提高到每秒 16 千米。

这个加速度是非常惊人的，地球上一般的重力加速度为 $10m/s^2$ 左右，我们不难看出这个数字所代表的严重程度了。所以，炮弹中的任何物体，都承受着炮弹在发射时施加在舱底的巨大的压力，这个压力值就是物体本身重量的 6 万倍。可以理解为：乘客在那一瞬间体重增加了好几万倍！他们会因承受不住这么大的重力作用而死亡。可见，巴毕尔肯头上戴的那顶帽子，在炮弹发射时会增至 15 000 千克重（相当于火车车厢载满货物的重量），他应该会被压死的。

在故事中也介绍了他们是如何减小这种冲击力的。例如：将带弹簧的缓冲设备安装在炮弹里；把水囊夹在两底之间的空隙之中，以此来延长撞击的时间，使速度不至于增加得过快。但是,他们却没有想到,用如此简单的设备来抵抗那巨大的作用力,产生的效果会是怎样呢?无非是施加在乘客身上的压力会稍微小一点,对于这顶重 15 000 千克的帽子而言,不是还仍然会把人压死吗?

5.4 减慢炮弹的速度

通过对力学的学习,我们知道了使速度的快速增长慢下来的方法。

我们可以采用加长炮筒的办法,来解决这个问题。

假如我们要发射炮弹了,并且还想让承载着舱内所有物体的炮弹的重力,接近地球上的普通重力,这时候就需要我们增加炮身的长度。通过计算我们得出:只要把炮身的长度增加至 6000 千米时,我们上面的假设就成立了。可见,凡尔纳的这尊大炮只有伸到地心,里面的乘客才会适应,这是因为他们身上所承受的力,除了自身的重力以外,就是使速度缓慢增长的一个很小的力,两者相加,乘客只会觉得自己比以前增加了 1 倍的重量。

我们的身体在短时间内,完全能承受大于平常几倍的重力,而且还不会受到伤害。例如我们乘着正在下滑的雪橇,随着运动方向的改变身体的重量也在加大。因此我们压在雪橇上的重量要比平时重得多。就是 3 倍于原来的重力时,我们也没有什么异常的感觉。如果让人在瞬间经受住大于身体几十倍的重量,并且毫发无伤的话,只需要 600 千米的炮身长度就够了。看到这里你也许会很兴奋,但是我想告诉你凭借我们现在的工业技术,这样的大炮根本就造不出来。

当然啦,也只有这样儒勒·凡尔纳的构想才有可能成为现实——被炮弹送往月球!

5.5 致数学爱好者们

大家在阅读这本书的时候,我想会有为数不少的人,希望通过自己的运算来对以上的计算结果加以证实。以下就是我们列出的计算方法。当然,得出的这些数值并不十分精确,都是近似值。这是由于我们把炮弹在炮膛里的运动假定为匀加速运动(其实,加速度不一定一直相同)。

在计算的过程中,以下两个公式我们都要用到:

时间为 t,加速度为 a 速度为 v:$v=at$;

S 为 t 秒内所经过的距离:$S=\frac{1}{2}at^2$。

下面,我们通过这两个公式来计算,炮弹在大炮的炮膛内向外发射时的加速度。在故事里我们读到,大炮装满火药后余下的部分炮膛长度为210米。这就是 s 的值。

最终算得的速度是 $v=16\,000\,\text{m/s}$

确定了 s 和 v 的值,很容易就能算出 t 的值了,t 为炮弹在炮膛中运行的时间。因为 $v=at$、$v=16\,000$,所以 $at=16\,000$

由于 $S=\frac{1}{2}at^2$,$S=210$,可得 $\frac{16\,000\,t}{2}=210$,因此 $t\approx\frac{1}{40}$ 秒;

然后把 $t\approx\frac{1}{40}$ 秒,代入公式 $v=at$,可得 $\frac{a}{40}=16\,000$,因此 $a=640\,000\,\text{m/s}^2$。

可见,炮弹在炮膛里向外冲出时的加速度是64万 m/s^2。这是重力加速度的 64 000 倍。

当炮弹的加速度为 $100\,\text{m/s}^2$ 时,那么炮膛的长度应该是多少呢?按照我们刚才的算法再推回去就好了:

已知:$a=100\,\text{m/s}^2$,$v=11\,000\,\text{m/s}$(忽略大气阻力);

根据公式:$v=at$,可得 $11\,000=100t$,因此 $t=110$ 秒。

根据公式:$S=\frac{1}{2}at^2$,可得 $(11\,000\times 110)\div 2=605\,000$ 米,通常保留整数,那就是 600 千米。

儒勒·凡尔纳那个令人向往的计划,在这些数字面前显得那么苍白无力。

第6章

液体和气体

6.1 死海之谜

很久以前,人们就听说过世界上有那么一个特殊的海,人在这个海里是不会被淹死的。这个特殊的海就是著名的死海。它里面的水有很咸的味道,所以没有一种生物能够在这个海里存活。虽然巴勒斯坦干旱少雨海水蒸发严重,但是被蒸发掉的都是不咸的水,那些盐却仍旧留在海里,因此海水浓度不断增高,它的含盐量不低于 27%(按重量计算),而普通海水的含盐量仅为 2%~3%。越往深处海水的咸度越大。如此一来,在死海的物质成份中盐的含量占到了 $\frac{1}{4}$ 甚至更多。如果把死海里的盐全部捞出来称一称的话,大概会有 40 亿千克。

如此之高的含盐量,使死海里水的重量要远远大于普通海水的重量。所以人在这样的液体中不必担心自身的安全,根本不会被淹死。因为它比人体还要重。

找一份与我们的体积相同的盐水,盐水的浓度与死海里水的浓度相等,称出它的重量,就会发现盐水的重量要远远大于我们的体重。因此根据浮力定律可知,死海中的人会浮在水面上不沉底,这和鸡蛋在浓盐水中会浮于水面是相同的(在淡盐水中鸡蛋要沉底)。

马克·吐温是美国的著名作家,他与同伴在死海游玩回来后,生动地记录了他们当时奇妙的感受:

这次的游泳简直太奇妙了,我们一直漂浮在海面上。置身于死海之中,我们的四肢能够完全伸直;也能够平躺并且手放胸前。我们绝大部分的身体都是漂浮在水面上的。头还可以很自然地抬起来,人的感觉会很舒服,可以用手将两个膝盖慢慢向上移动,当膝盖碰到下颚时,就会因为头部过重而翻跟头。人还能够在水上倒立,头顶着水面,身体的其他部位都位于水面之上,但是这个姿势并不能维持很久。由于双脚裸露在水面上，如果要在水里游泳的话，只能用脚尖来拨水，这样速度就会很慢。假如你趴在水面上游泳，你的身体就会往后退去。如果马在死海里，情况又不一样了。因为马的身体缺乏稳定性，所以它在死海里没有办法站立，更不能游泳，只能侧卧于海面之上。

我们一起来看图 6-1，画面显示的是一个人仰卧在死海的海面上，由于海水的比重非常大，所以这个人在悠闲地读着书，还打着一把用来遮挡阳光的大伞。

卡拉博加茨戈尔海湾中的水比重为 1.18，埃尔唐的湖水含盐量为 27%，因此它们也具有死海之水的特性。

使用盐水浴疗养的病人对此是深有体会的。假如水中含的盐特别多，就像旧鲁萨矿泉一样，那么病人把身

图 6-1　人在死海海面上仰卧着

体紧贴在浴缸底部，是需要花费一番力气的。据说，一位女性患者在旧鲁萨疗养时，总是抱怨浴缸里的水向外推她。这位患者只会觉得疗养院的管理不够人性化，而不会去想是阿基米德原理造成的。

在不同的海里，海水的含盐量也是千差万别的，所以船航行在海里陷入水面的深度也有很大的区别。有的人可能听说过或者见过"劳埃德记号"，它是轮船侧边陷入水的深度也就是吃水线的记号，代表密度不同的水里船的最高吃水线。我们来看图 6-2，标出的载重记号，指的就是船载满货物时在海里航行的最高吃水线：

淡水中（Fresh Water）——FW；

印度洋·夏天（India Summer）——IS；

咸水中·夏天（Summer）——S；

咸水中·冬天（Winter）——W；

北大西洋·冬天（Winter North Atlantic）——WNA。

1909 年，俄国就规定所有的轮船必须具备这种标志。另外，在自然界中还有这样一种特殊的水：它的比重是 1.1，也就是说把它处理纯净后都要比普通水重得多，大概超出普通水重量的 10%。因此，人掉在这种水中，即使不会游泳也会安然无恙的。科学家把这种水命名为"重水"。D_2O 就是它的化学式（由于它氢原子的重量是普通氢原子的 1 倍，用"D"表示）。重水也存在于

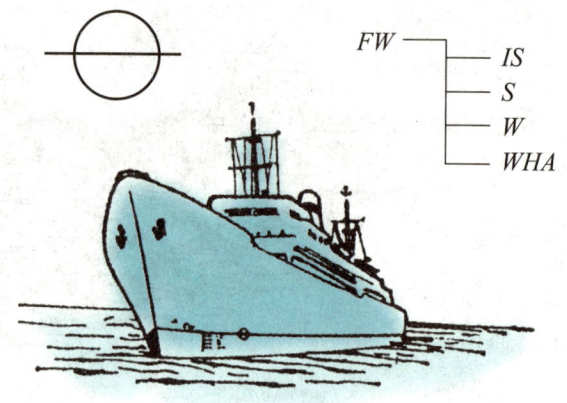

图 6-2 轮船侧面的载重标记。记号位于吃水线上

我们普通的饮用水中，只不过含量比较少，10 升饮用水中重水的含量为 2 克。

通过现代先进的工业技术，我们已经能够拥有近似于纯净的重水了，它只含普通水 0.05%。

6.2 破冰船是怎样工作的？

在洗澡的时候，我们可以做这样一个实验：洗完澡后，你躺在浴缸里，把浴缸底部的放水孔打开，随着水的减少、身体裸露部位的增多，你就会觉得自己越来越沉。水放完了，身体又恢复了原来的重量（仔细想想，在水里时你会

觉得自己一点都不重）。

　　落潮时留在浅滩上的鲸鱼，也会有身体加重的感觉，这对于它来说是非常危险的，它会因为承受不住这么大的压力而死亡。所以鲸鱼必须生活在水里，只有水的浮力才可以挽救鲸鱼的生命。

　　也许你会有疑问，我们上面说的内容和破冰船的作业有关系吗？回答是肯定的，因为破冰船的作业也是同样的道理：水面上那部分船身的重力，并没有被水的浮力抵消掉，因此它的重量和在陆地时是一样的。如果你认为破冰船是凭借船头部的压力来将冰斩断的，那么你就错了，这是斩冰船，而不是破冰船了。对于一些比较薄的冰，还是可以用这种方法的。

　　海洋上的大型破冰船有自己独特的工作方法。发动破冰船上的机器，船首会移至冰面上方，而水下那一部分船首的斜度非常大。此时，水面上的船首，恢复了自身的重量，这个重量将冰压碎是完全没有问题的。有时候为了使船首的重量增加，就在船首的蓄水槽里装满水，这就形成了一个"液体压舱物"。

　　破冰船的这种工作方法，只有在冰的厚度小于半米时适用。假如冰块太厚的话，那就要用船直接撞击它了。此时要先将破冰船向后退一段距离，然后向前对着目标猛冲过去。这时候是船的动能在发挥着作用，而不再是重力了。此时的船就如同一个速度不大但质量极大的撞锤，或者是慢速但威慑力极强的炮弹。

　　当破冰船面临着几米高的冰峰时，它选择的并不是退缩，而是更用力地向冰峰撞击，一次、两次、三次……直到冰峰碎裂。

　　玛尔科夫是一名非常勇敢的水手，也是1932年"西伯利亚人"号极地之旅的成员之一。下面就是他记录的破冰船作业的情形：

　　"西伯利亚人"号面对的是数百个高耸的冰峰，以及冰峰下面那厚重密实的冰块。战斗打响了，在信号显示屏上，指针一直在"高速后退"和"高速向前"之间来回摆动了52个小时。工作人员被分成了13个小组，每4小时轮换一次。他们驾驶着"西伯利亚人"号朝着冰块猛烈撞击，再用船首压碾它们，

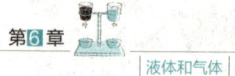

然后船向后退去。就这样，0.75米厚的冰块再也坚持不住了，开始碎裂。在每一次撞击下，冰块就会让开船身1/3的距离。

那时候，世界上最先进的破冰船就产自（前）苏联。

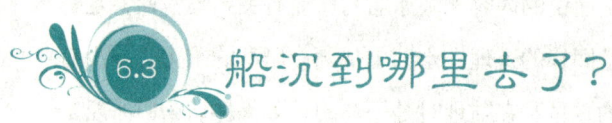

6.3 船沉到哪里去了？

有人认为，沉没在海洋中的船只，会静静地待在深海的某一个角落，而不是沉到海底。甚至有些水手也赞同这个观点。他们觉得，船搁置的地方由于它们上面的海水的压力，密度已经变大。

这和儒勒·凡尔纳的看法也基本一致。他在小说《海底两万里》的第一章中写到了一只静静地悬浮在水里的沉船；还有一章也涉及到了"在水中潜藏的破旧的船只"。

那么，这种看法是正确的吗？

我们首先来说一下这种看法的理论依据。深海里的水确实压力很大，将物体放到10米深的水中，它受到的水的压力为每平方厘米1千克；如果水深为20米时，压力则变为2千克；水深为100米时，压力为10千克；水深1 000米，压力为100千克。大海的水深最高可以达到几千米；而大洋的最深处（位于马里亚纳群岛附近）能够达到11千米。通过计算，就有了海水和沉没在水中的物体所受到的压力。

假如我们在深水中放入一个拧紧盖子的空瓶，等再把瓶子被取回来时，我们看到，瓶子里装满了水，瓶盖也由于水的压力进入到了瓶中。约翰·莫利是一位著名的海洋学家，在他的作品《海洋》这本书中，介绍了这样一个实验：准备三根两端密封的玻璃管子，并且它们的粗细都不一样，用帆布将它们包好，放在一个铜桶里，这个铜桶是一个上面带自由进水孔的圆柱体。最后把这个铜桶放在水深为5 000米的地方。等取出后，打开帆布，只见里面全都是碎裂的玻璃。假如被放进铜桶里沉入海底的是一节木头，等取出来就发现，木头沉底了，这都是水的压力造成的。

此时，我们会觉得，海洋深处的水，在这么强大的压力之下，肯定会变得非常紧密，当重物下沉到此处之后就会停下来，就如同秤砣飘在水银里一样。

可是，这样的观点并不正确。其实，水是很难被压缩的，与其他液体没有什么区别。这一点科学家已经通过实验证实了。在1千克的压力之下，1立方厘米的水只能缩小 $\frac{1}{22\,000}$ 的体积，再增加1千克的压力，体积缩小的程度是一样的。当水的密度是原来的8倍时，铁可以悬浮在里面而不沉底。但是，水的密度如果增加1倍的话，也就是说体积减半时，1平方厘米的水要承受的压力为11 000千克。当然，这么大的压力只会出现在110千米的深海里。

因此，在很深的海洋里，水的密度变化实际上是非常小的。即使是在海洋的最深处，水的密度也仅增加了 $\frac{1100}{22\,000}$ 倍，也就是说比普通水的密度大5%。物体的沉浮基本上不会受到影响。还有如果固体物质沉入这样的水里，还是会在压力的作用下变得非常紧密的。

"物体如果能够沉入一杯水的底部，那么它同样能沉入海洋的最深处。"这是物理学家莫里曾经说过的一句话。因此，我们可以肯定，沉没的船只一定会坠入海底。

但有些人的看法却恰恰相反：一个倒置在水里的玻璃杯，会悬浮于水面，这是由于玻璃杯本身的重量，与它所排开的水的重量相等。如果用比较重的金属杯子来代替玻璃杯的话，同样会出现悬浮的状态，只是增加了杯底与水面的距离，但并不沉底。因此沉没的舰艇或船只，会按照自身的重量，停留在海洋或深或浅的地方。假如船上的一些区域封闭得很严实，水进不去，空气也流不出来的话，那船在下沉的过程中，就会在相应的深度停下来。

有很多船只在下沉的时候，的确是底部向上的，因此在海洋的深处，会有一些尚未沉底的船只悬浮在那里。如果有一个很小的推力，这些船只就会翻转，随着水的进入，它们就会沉到海底。可是水面上的狂风暴雨、电闪雷鸣，在深海里根本就听不到，又哪里来的推力呢？

其实，上面这些推理并不正确。开口向下的玻璃杯与木头、拧紧瓶盖的空瓶一样，需要借助外力的作用才会沉到水里，而它们本身是无法沉入水中的。同理，底部向上的船只，会在水面上漂浮，它不会往下沉，更不可能悬浮在水面与海底之间。

6.4 儒勒·凡尔纳和威尔斯的幻想是如何实现的？

儒勒·凡尔纳在小说中幻想到的"鹦鹉螺"号，已经被现代的工业技术所突破。如今，我们的很多潜艇在某些方面比"鹦鹉螺"号还要先进，但是速度只有它的一半。"鹦鹉螺"号在作者笔下的速度是每小时50海里（1海里≈1.8千米），而我们现代的潜艇最高时速仅为24海里。故事中的船长尼莫驾驶着"鹦鹉螺"号可以绕地球航行两周，而我们最远的航行线路就是绕地球一周。但是，儒勒·凡尔纳的潜水艇只有150万千克的排水量，只有二三十名水手，在水里滞留的时间不超过48小时。而法国1929年研制的潜水艇"休尔柯夫"号，排水量达到了320万千克以上，总共有150名水手，能在水中潜伏120小时。

"休尔柯夫"号从法国的港口出发，会一直到达马达加斯加，中途不用停靠歇息，在这艘潜艇的内部，生活环境的舒适度与"鹦鹉螺"号不相上下。它还有一个比故事中的潜艇更先进的性能：在它甲板的最上层，有一个可供水上侦察机停靠的防水飞机仓。另外，儒勒·凡尔纳故事中的潜艇，不具备潜望装置，因此它在水底时，根本看不到水面上发生的任何事情。

其实，我们实际应用的潜水艇，只是在潜水深度方面落后于"鹦鹉螺"号。但是，儒勒·凡尔纳的幻想，在现实中是没有办法达到的。他在小说中写到：船长尼莫随着潜水艇进入到了水下3 000米，紧接着是4 000米、5 000米、

7 000 米、9 000 米、10 000 米。甚至他还到达过深度为 16 000 米的海域。故事的主角深有体会地说:"链条在潜艇的外壳上来回摆动,支柱大概已经变形了,我觉得水的压力简直是太大了,窗子仿佛也在向内部凹陷。仗着我们的潜艇足够坚固,要不然的话,早就在水的压力下扭曲变形了。"

这样的忧虑并不多余,当潜艇位于水下 16 千米的深海时(假如有那么深的海洋),水的压力为:16 000÷10=1 600 千克/平方厘米,或 1 600 个大气压。

如此之大的压力,就算铁块不会被压碎,但是船体完全会遭到破坏。不过,这么深的海域,在如今的海洋地图上是根本找不到的。在儒勒·凡尔纳生活的那个时代,由于测量工具的落后,海洋的深度无形之中就被夸大了。他们当时是用麻绳来做测垂线的,而不是我们现在用的铁丝。麻绳被送进水里,到达了一定的深度之后,由于水的摩擦作用,麻绳会绕成一团。这样一来。测垂线就再也没有办法继续下行了。这就给人们造成了一种海水很深假象。

如今,最先进的潜水艇也只能承受 25 个大气压,这就说明它潜入水底的深度最大不能超过 250 米。如果想要潜入更深的海域,那就必须启用新的设备——潜水球(图 6-3):它是对深海动物进行观察和研究时用到的工具。你还记得《在海洋深处》一书中,威尔斯关于深水球的描写吗?这个潜水球的形状与深水球是相同的。这部小说的主要人物,被一个球形的潜水器带到了深度为 9 千米的海底,这个潜水器是利用可卸重物进行潜水的,而不再是绳索。等到海底的工作结束了,它就会抛弃自己背负的重物,这样很快就会升到水面了。

科学家曾经被潜水球带到了水下 900 米的地方。这个潜水球被一条钢制的锁链牢牢地系住,然后再从船上把它们投进海里。电话是它们唯一的联络方式。

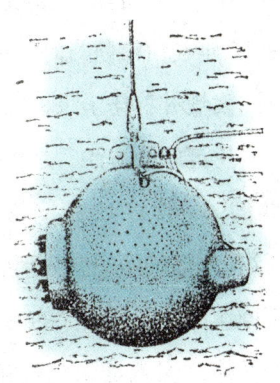

图 6-3 能够沉入海洋更深处的钢制潜水球,它的壁厚度为 4 厘米,直径为 1.5 米,总重量为 2500 千克。1934 年,有人被它载着沉入到深度为 923 米的海下

前不久，有几艘深海潜水器问世了，它们是某些国家对深水进行研究的装备。与潜水球不同的是：这种深海潜水器能够在深海里随意运动，还可以像鱼儿一样游来游去。不像潜水球只能悬挂在锁链之下。最初，人们把这种深海潜水器放置到水下3千多米，经过进一步的探索后，这个深度又达到了4050米。

1959年11月份，深海潜水器可沉入海下5670米；1969年1月9日那天，它到达了海下7300米，同月的23日，为海下11 000米。据最新研究表明，这个深度达到了世界之首。

6.5 "萨特阔"号打捞记

浩瀚的海洋中，每年沉没的船只都有上千艘，这在战争年代还会更多。如今，已经打捞上来了一些有价值的，并且容易被捞起的船只。苏联著名的"海下作业队"，就曾经捞起过150多艘巨轮。其中包括"萨特阔"号破冰船，它是1916年在白海航行时，由于船长的大意而沉没的。17年之后才被"海下作业队"发现并打捞上来，然后还对它进行了一番整修。

打捞沉船的方法，是依据阿基米德原理制定的。在沉船对应的海底，挖出12条沟渠，再将12根钢筋一对一地放入沟渠里。在沉船的两边放上铁质的浮筒，这些钢筋的两端就分别固定在两个浮筒上。此时的深度为海平面以下25米，全部操作都是在这么深的海里完成的。

浮筒其实就是密闭性相当好的空心铁桶，每一个浮筒的长度为11米，直径5.5米，重50吨。通过计算可知，它的体积大约是250立方米。由于浮筒的排水量为250吨，而它自重50吨，可以得到它的浮力为：200吨，因此，空的浮筒会漂浮在水面上。如果想让浮筒沉到海底的话，那就需要用水把这个桶灌满。

我们来看图6-4，钢筋都牢牢地固定在了浮筒上，随后又将压缩的空气通过橡胶管注入浮筒里。深度为 25 米的水中，计算大气压力：$\frac{25}{10}+1=3.5$，就是说此时的大气压力是 3.5 个。而注入空气的大气压为 4 个，所以完全能够排出浮筒中的水。随着水的排出，浮筒变得越来越轻，在浮力的作用下，它就像皮球一样慢慢地浮出水面。如果排空了所有 12 个浮筒，它们的浮力

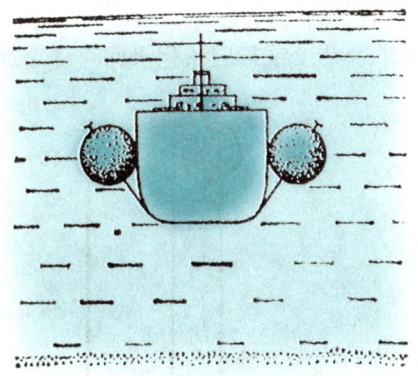

图 6-4 "萨特阔"号打捞示意图。破冰船、浮筒、钢筋的剖面图

之和就是：200×12=2400 吨。"萨特阔"号破冰船的重量比这个数值要小得多。可见，在打捞的过程中，没有必要把浮筒里面的水全部排完。

即便这样，"萨特阔"号的成功打捞，也是历尽了艰辛的，并且还经历了好几次惨痛的失败。波布力斯基是"海下作业队"的主管人员，他在日记中是这样写的："我们焦急地盼望着船的出现，可是飘上水面的，却是一些浮筒和废弃的管材。就这样，前三次打捞都失败了。还有两回，沉船已经浮出了水面，当我们正准备拴住它的时候，它却再次掉进了海里。"

6.6 水力"永动机"

大部分"永动机"是根据浮力的原理制造而成的。例如：一个高 20 米水塔，它的顶端和底部各装有一个滑轮，两个滑轮之间用钢丝缠绕相连，形成一个可以循环的纽带。在这一圈钢丝上，平均分布着 14 个边长为 1 米的防水铁箱。见图 6-5 和 6-6。

那么，它是怎样运动的呢？对阿基米德原理有一定了解的人会认为：水里的那几个铁箱应该朝水面浮动。这是由于它们排开水的重量造成的，就是

图6-5 "水力永动机"幻想图

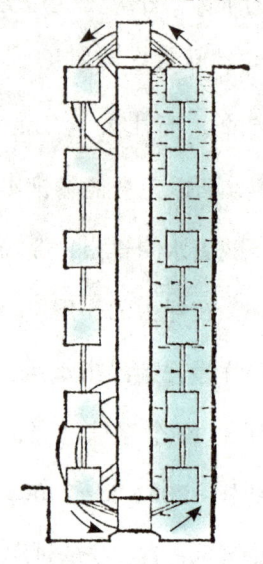

图6-6 水塔结构图

1个铁箱的排水量与水中铁箱个数的乘积。1个铁箱的排水量为1立方米，由图可见，水中有6个铁箱，因此，致使铁箱浮向水面的力为6立方米的水重量，或者6 000千克。假如水塔外围的钢丝上没有对应的那6个铁箱的话，两面的箱子就会失去平衡，水里的箱子会由于自身的重力滑向水底。

如果铁箱是像上面那样运动的，那么固定铁箱的钢丝，会由于这个6 000千克向上的压力而绕着滑轮不停转动。我们来计算钢丝转一周做的功：已知$g=10$，可得$6\,000 \times 10 \times 20 = 1\,200\,000$焦耳。

我们可以想象一下，假如这种水塔遍布全国的话，那我们可以利用的功简直是太多了，完全能够满足国家的经济建设，还可以让它带动发电机，那样我们就有了用不完的电量。

可是，经过认真的分析，得出了一个令人沮丧的结论——这根钢丝是纹丝不动的。

这些铁箱只有自下而上通过水塔的时候，这根钢丝才会转动起来。然而从

下面进入水塔的铁箱，需要克服来自水塔方面的压力，水塔的高度为20米，这样施加在每平方米铁箱的压力为20立方米水的重量，也就是2万千克，但铁箱向上的浮力只有6 000千克，可见这个力量无法使铁箱从下面进入到水塔里。

在那些各式各样的水力"永动机"中，失败的作品大概就有上百个，当然这其中也有许多精巧的设计。

在图6-7上我们看到，一个安装在转轴上的木制鼓形轮子，它的一部分在水里面。假如按阿基米德原理进行推论的话，水中的那部分轮子就会向上浮动，若此时这个向上的浮力，大于轮轴之间的摩擦力，那么这个木制鼓形轮子，就会不停地转动。

读到这里，你可能又会产生一种冲动，想亲自制造这样一台水力"永动机"！但我可以断定，你是不会成功的，因为鼓形的轮子根本就一动不动。难道我们上面的推理不正确吗？这究竟是什么原因呢？很简单，因为各种力的作用方向被我们忽略了。实际上，这些力是顺着轮轴的半径施

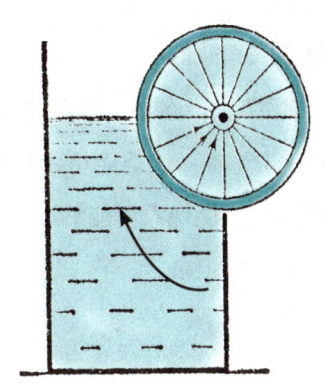

图6-7 鼓轮水力"永动机"设计图

加的，与轮轴半径的方向一致，也就是说这些力垂直于鼓轮的表面。在实际生活中，我们会有这样的体会，要想让轮子转动的话，就应该沿着轮子圆周切线的方向来用力，如果垂直于轮子的表面来用力的话，轮子是不会转动的。因此，这就是看起来顺理成章的运动却无法成功的真正原因了。

阿基米德原理的出现，赐予了那些"永动机"的研究者们极大的兴趣。在这种兴趣的推动下，他们刻苦钻研试图把看似消失了的重量转化成机械能的动力，因此，很多精巧实用的设备就这样问世了。

6.7 "气体"、"大气"等词语的由来

词语"气体",是科学研究者们通过想象得来的。另外还包括,如:"体温表"、"电压表"、"电流表"、"电灯"、"电话"、"大气"等词语。这些被捏造而成的词语里面,最短的词要数 "气体"(gas)了。赫尔蒙特(1557～1664,与伽利略生在同一个时代)是荷兰著名的医生、化学家。Gas(气体)就是他用希腊词语 chaos 译得的。他发现,在空气中,有的物质是可以燃烧或者能够助燃,余下的成分就不具备这样的性质。赫尔蒙特有这样一段记录:

> 我把这种物质命名为气体(gas),这是由于它与远古时代的 chaos 基本相同(chaos 的本意翻译为闪亮光的空间)。

然而,这个词语很长时间都没有人理会。那是1789年被拉瓦锡看到之后,"气体"这个词才得到了广泛的传播。当蒙戈尔费兄弟的气球飞行成为人们热点话题时,"气体"一词便开始流行了。

"有弹性的液体"是罗蒙诺索夫对"气体"的另一种诠释,经常出现在他的作品中(我读中学时这个词仍在用)。可以这样说,在俄语中,目前仍在使用的大部分科学术语,都是罗蒙诺索夫最先应用并推广的。例如:大气、气压表、微测仪、晴雨计、光学、电灯、结晶体、以太、物体等。

作为俄国自然科学的创始人,罗蒙诺索夫写下了这样的内容:我把很多的物理现象、应用的器具、还有一些事物用某些词语来代替,也许这些词语听上去很别扭,但愿时间长了它们会被接受,并且得到广泛的应用。

如今,罗蒙诺索夫的心愿已经完成了。

达里是著名的工具书《俄语词典大全》的作者，但不同的是，他代替"大气"的词语因不够简练，就被人们放弃了。还有他创造的其他词汇也没流传下来。

6.8 看似简单的运算

用一只杯子向茶炊里灌水，灌 30 杯水之后茶炊就满了。然后把这个杯子放在茶炊的出水口下方，打开开关，我们来观察表的指针，看一下杯子接满水后所需要的时间。假设这个时间为 30 秒。我们的问题是：如果不关闭茶炊的开关，那么要用多长时间茶炊里的水才会流尽？

此时，你也许会觉得，这个题目简直太简单了：接满一杯水需要 30 秒，那接完灌入的 30 杯水就要用 900 秒，也就是 15 分钟。

让我们把这个实验完整地做完，结果发现，流尽茶炊中的水居然用了 30 分钟！

不就是一个简单的计算吗？结果怎么会这样呢？

其实，这是不可以那样计算的。因为水流出的速度在不断地变化。接满第一杯水，茶炊里的水位线就要比原来低了，水的压力也会相应地减小，水流则变慢。因此，接满第二杯水需要的时间会大于 30 秒，就这样，水流会越来越慢，直到 30 分钟后水才全部流完。

在没有盖的容器中盛放的液体，流经小孔的速度与孔上面水位线的高度有正比关系。这是托利拆里最先得出来的，他的老师是著名的伽利略。同时他还把这个关系用公式表达为：

$$v=\sqrt{2gh}。$$

图 6-8 液面的高度相同，酒精和水银哪一个流出的更快些

在这个公式中，液体流出时的速度为 v；重力加速度为 g；小孔上方水位

线的高度为 h。由此可见，液体流出的速度与液体的浓度毫无关系；在相同的容器内，分别装入同样高度的酒精和水银，然后让它们从底孔流出，你会发现它们的速度是相等的，如图 6-8 所示。我们都知道，地球的重力是月球的 6 倍，由公式可得：$\sqrt{6} \approx 2.5$，因此灌满同样一杯水，在月球上用的时间是地球上的 2.5 倍。

现在让我们回到第一个问题。假如茶炊中的水只剩下了 10 杯，那么茶炊内的水位线从龙头的孔算起就变成了先前高度的 $\frac{1}{4}$，第 21 杯水开始流出时的速度就是第一杯的 $\frac{1}{2}$。假如此时的水位线是先前的 $\frac{1}{9}$，那么接满下一杯水消耗的时间就约是第一杯的 3 倍。人们都看到过，茶炊里的水所剩不多时，水流出的速度就会很慢。这个问题涉及到了高等数学的知识，容器中的液体流尽后所用的时间，是这个容器在水位线恒定时全部流出所用时间的 2 倍。

6.9 水槽的问题

在这里，我们讲一下关于水槽的问题。其实，大家在做数学题时，经常会遇到这样的题目："与水槽相通的是进水和出水用的两根管子。其中，进水管单独注满水槽的时间是 5 小时；而出水管放完整槽水用的时间是 10 小时。现在把两个水管都打开，那么把这个空的水槽注满水所用的时间是多少？"

要说这道题目的历史，那简直太久远了，至少流传了 20 个世纪。亚历山大的希罗就曾经提出过这样的问题，如今看来他的问题是相当简单的：

有四眼喷泉与水槽相通，其中，第一眼喷泉单独灌满水槽要用一昼夜的时间。

第二眼喷泉完成相同的任务需要两天两夜的时间。

第三眼喷泉的注水本领是第一眼的 1/3。

第四眼喷泉注满水槽要用四周的时间。

请问，同时打开这四眼喷泉，将水槽注满要用多长时间？

可见，在 2 000 年前，人们就一直针对水槽的问题来进行解答。但不幸的是，他们都没有给出正确的答案——因循守旧的习惯简直太可怕了。通过刚才对水流问题的分析，我们就会知道他们解答错误的原因了。

那么这类关于水槽的问题应该如何正确解答呢？我们以第一个问题为例来进行讲解：进水管 1 个小时的注水量为水槽的 $\frac{1}{5}$，出水管打开 1 个小时水的流出量为水槽的 $\frac{1}{10}$，因此，将两个水管同时打开，水槽 1 个小时的进水量为：$\frac{1}{5} - \frac{1}{10} = \frac{1}{10}$。所以，水槽要用 10 个小时才注满。但是，这样的推理是不正确的：假如进水时水流的速度是恒定的，也就是进水的压力相同。当水流出时，随着水面的不断增高水，水流的速度也在起着相应的变化。依据水从出水管流完要用 10 个小时，根本无法得到两个水管同时开放时，出水管每小时的放水量为水槽总容量的 $\frac{1}{10}$。不难看出，这个题目用中学数学的方法来解答是不正确的，它涉及到了水外流的问题，初等数学的知识根本就无法解答。所以这一类练习题不应该归类于基础代数习题。

6.10 一个奇怪的容器

我们可不可以研制一个特殊的容器，让水流出时的速度保持不变，同时水位线仍在下降。读了前面的内容，你也许会认为，这样的容器是无论如何都制造不出来的。

然而你想错了，这种容器是有的。我们

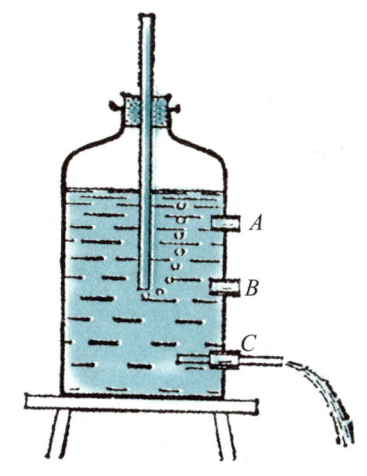

图 6-9 马里奥特容器结构图。水从小孔里匀速流出

一起来看图6-9,这个容器看上去非常稀奇。一个普通细口瓶的瓶塞上,插着一根玻璃管子。假如打开距离瓶底最近的 C 口,你会看到水均速流出,这个速度直到水面与玻璃管的下端持平时才会改变。我们再把玻璃管伸到出水口的位置,所有的水就都能够以同样的速度流出来了,虽然水流会相对较小。

这究竟是什么原因造成的呢?打开 C 出水口时,瓶子内部的会有哪些变化。水会先流出来,同时瓶子里液面的高度也会顺着玻璃管下降。空气会随着水与液面的变化通过玻璃管子进入瓶内,然后以气泡的形式聚集在瓶子中的水面上。这种情况下, B 点水平面的压力与大气的压力是相等的。水从 C 口流出完全是因为 BC 间水层的压力,此时瓶子 B 口处内外的压力已经彼此抵消了。BC 的高度恒定时, C 口的出水速度也不会有任何变化。

还有另外一个问题就是:假如打开与玻璃管水平位置的 B 口时,水会以什么样的速度流出呢?

答案是水根本没有流出来(也就是当孔的直径非常小时,是可以忽略的。反之,水会在与孔的直径相同高度的那层水的压力下流出)。这是因为瓶子内外的压力,都与大气压力相等,缺少使水流出的作用力。

假如打开与玻璃管中段相对应的 A 口时,水没有流出来,瓶子里的空气居然增多了,这是因为瓶内空气的压力小于大气压力。

因为物理学家马里奥特最先发明的这种容器,所以这种容器就被命名为"马里奥特容器"。

6.11 空气的压力

在雷根斯堡地区,曾经发生过一件特别古怪的事情,那是17世纪的中叶,人们看到16匹马正在拉两个对合在一起的铜质半球,有8匹马向同一个方向拉,余下的那8匹马则向相反的方向用力。不断抽打马的背部,可两个半球仍然对合得很好。究竟是什么东西让它们无法分开呢？就在人们疑惑不解的时候，市长却说："很简单，是空气的作用。"就这样，人们在市长的带动下亲眼目睹了空气是有一定重量的，而并非"很简单"，地面上所有的物体都在承受着它带来的压力。

这件事情发生的时间是1654年5月8日，当时的阵容相当强大。虽然那是一个时局动荡、战争不断的年代，而这位市长严谨的科学态度，十分令人钦佩。

以上就是大家熟知的"马德堡半球"实验。在物理课本上就讲到过这方面的内容。假如这件事情是号称德国"伽利略"的盖里克，亲口对你讲述的，你肯定会异常兴奋吧。1672年盖里克的实验手册在阿姆斯特丹出版了，这本书是用拉丁文写的，而且篇幅特别长。另外，那个年代的书都有一个共同的特点，就是题目相当长：

> **奥托·冯·盖里克**
> 利用无空气的容器进行新的马德堡半球实验
> 实验设计者卡斯帕尔·肖特
> （维尔茨堡大学数学教授）
> 作者原版著作，内容最详细，并附有各种最新实验。

我们介绍的这个有趣的实验，就是该书第23章讲述的内容，下面就让我们来看一下：

通过实验我们看到，空气的压力简直是太大了，16匹马都没有把对合在一起的两个半球分开。

因此，我决定用铜来打造两个半球，直径就定为$\frac{3}{4}$马德堡肘（1马德堡肘是550毫米）。由于工匠们的手艺欠佳，做出的两个半球，实际直径只有0.67肘，但完全对合是没有问题的。我将一个橡皮塞，安在了其中的一个半球上，用于抽出球内的空气，还防止外面的空气进入球内。在每个半球的外面都有四个圆环，将绳子的一头在圆环上拴牢，另一头系在马鞍上。另外，我还准备了一个皮圈，这个皮圈事先已经在松油与蜡的混合溶液里浸泡过了。将皮圈放在两个半球的吻合处，用来阻止空气的进入。接着，把抽气筒装在橡皮塞上，抽净球内的空气。这时候,两个半球就隔着皮圈吻合在了一起。它们在空气的压力下结合得相当牢固,甚至16匹马的力量都无法将其分开,或者分开它们要用更大的力气。最后,就在马儿要筋疲力尽之际,我们听到了一声巨响,如同放鞭炮的声音——两个半球终于被拽开了。

可是,我们只需要轻轻转动一下橡皮塞,让球里进入空气。这样一来,我们的双手就能轻松地分开那两个半球了。

把一个对合而成的空心球分开,为什么要用那么大的力量(一边8匹马)呢?下面,我们用一个并不复杂的计算来验证一下。每平方厘米面积上承受的大气压力大约为1千克;由半球的直径为0.67肘(37厘米),可得圆的面积为1060平方厘米。因此,空气施加在每个半球上的压力大于1 000千克,所以,只有两边的马付出的力量大于1 000千克时,才能与球外空气的压力相持平。

你也许会想,用8匹马拉1 000千克的重量好像没有什么困难。可是你忽略了一点,平时重量为1吨的物品,用马拉动时,需要克服的只是车的轮轴之间、车轮与道路之间的摩擦力。这个摩擦力是很小的,假如是在柏油路上,摩擦力仅为物品总量的5%。那么,重量为1吨的物品则会产生50千克的摩擦力(我们接下来就会谈到,让8匹马共同用力,所产生的拉力会下降一半)。所以,8匹马承受的1 000千克的拉力几乎与它们在马路上拉重量为2万千克的货物相等。同时这也是市长的铜制半球所承受的空气压力,此时的马匹就好像在拉一台报废的火车头,使出浑身的力气,却怎么也拉不动。

据统计,马匹拉动货车时,可以付出的最大力量为80千克。那么,要想把两个半球拉开的话,还要保持拉力的平衡,因此每一边至少要再增加6匹马。运算过程为:1 000÷80 ≈ 13匹马。

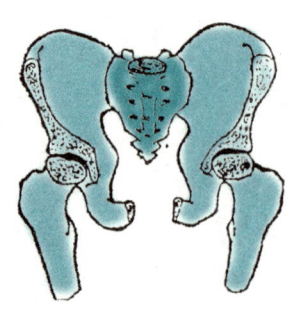

图6-10 由于大气的压力,髋部关节上的骨骼才得以紧密结合

如果我现在告诉大家,人体的某些关节能够保持良好状态的原因,同马德堡半球对合紧密的道理是相同的,你可能并不相信。其实,人体的髋关节就类似于马德堡半

球,就算除去与关节相连的其他软组织,大腿仍然长在上面,这是因为与关节相连的地方不存在空气,是大气的压力让它们紧密结合的(如图 6-10)。

6.12 新式希罗喷泉

大家都看到过喷泉吧,就是公园里最普通的那一种。你知道吗,它们的设计原理都是出自古代力学家希罗之手。在我们介绍这个新的衍生物之前,还是先说一说普通喷泉的结构组成吧。希罗喷泉的主要组成部分是 3 个盛水的容器见图 6-11。最上层是一个平底无盖的容器,我们用 a 来表示;下面两个都是封闭的球形容器,分别用 b、c 来表示。由图可见,连接三个容器的是三根长短不同的管子,在容器 a 里注入少量的水,将 b 注满水,让 c 充满空气,这时,

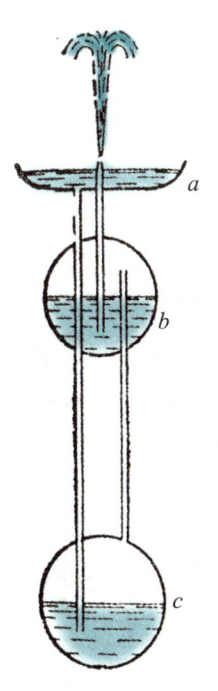

图 6-11 老式希罗喷泉

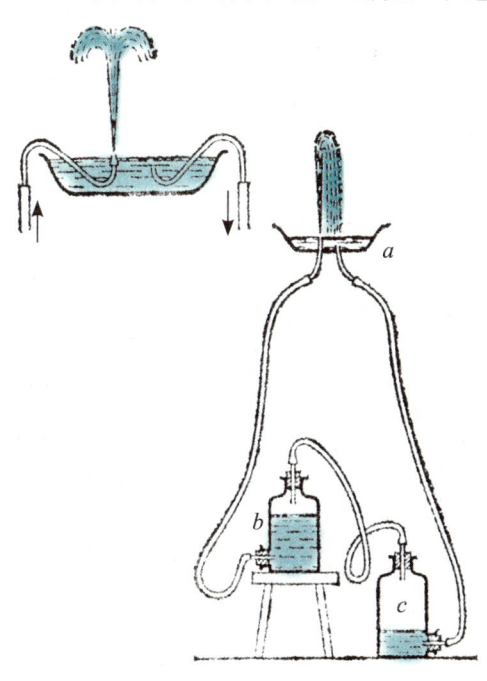

图 6-12 改良后的新希罗喷泉。最上面是容器 a 的内部结构图

喷泉就能喷出漂亮的水花。它的工作过程是：a 里面的水顺着管子流到 c，c 里面的空气就会上升到 b，由于空气的压力 b 里面的水就会通过管子流出，在 a 里面就成了喷泉。等到 b 里的水流尽，喷泉也就罢工了。

老式希罗喷泉的结构大体就是这样的。后来，在欧洲意大利，有一位中学老师对这种喷泉进行了改良。由于实验器材的短缺，他只好凭着自己想象来使喷泉的结构简化。通过不断的努力，他终于找到了一种新的喷泉制造方法，并且简便易行：球形容器被他换成了医用液体瓶；那些硬性的管子则用橡胶软管来代替。最上层的容器也省去了穿孔的麻烦，而是直接将软管末梢像图 6-12 那样放在水里。

改良之后的喷泉更具有实用性了，当 b 里面的水流经 a 容器全部到达 c 后，假如你还想让喷泉继续工作的话，只要调换 b、c 的位置就可以了。当然，喷头的位置也需要互换一下。

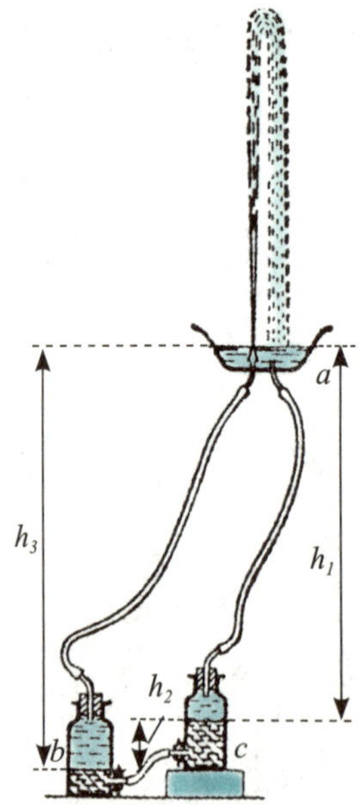

这个新的喷泉还有另外一个好处，那就是可以随意调节瓶子的高低，改变它们摆放的位置，这样有利于进一步研究喷泉喷水高度的影响因素。

如果你想让喷泉喷出很高的水柱，那就要把 b 瓶注满水；再将 c 瓶里的水倒出来，然后灌满水银；如图 6-13。这样一来，c 瓶里的水银流入 b 瓶后，就会把 b 瓶里面的水挤倒管子里，于是喷泉就开始喷水了。体积相同的水银和水，它们的重量之比是 13.5:1，因此，我们就能计算喷泉有多高了。我们把所有液面之间相差的高度用 h_1，h_2，h_3 来代表。下面让我们来探讨一下，是哪些力导致水银从 c 瓶流入 b 瓶的。把两个瓶子连起来的是一段很短的软管，软管

图 6-13 喷泉在水银压力的作用之下喷出水柱的高度为两个瓶子里水银液面的高度差的 10 倍

的两端都在向管里面的水银施加着压力。从右边施加在水银上的压力为水柱 h_1 的压力与汞柱 h_2 的压力（13.5 h_2 个水柱的压力）之和。左边则是水柱 h_3 在对它施加压力。因此一共施加在水银上的压力为：（$13.5h_2+h_1-h_3$）的水柱的重量。由 $h_3-h_1=h_2$, 可得 $13.5h_2-h_2=12.5h_2$。

所以，在高度为 $12.5h_2$ 水柱的压力下，水银才从 c 瓶被压到 b 瓶。按道理说，两个容器内水银液面的高度之差的 12.5 倍，就是喷泉射出的水柱的高度。但实际上会低于这个高度，因为其中还有摩擦力的存在。

就算是这样，我们也会得到一个理想的喷射高度。举个例子来说吧，为使喷泉射出 10 米高的水柱，只要将两个容器摆放的高度大约相差 1 米就行了。另外，底部的水银瓶子与容器 a 的距离，并不会影响到喷射水柱的高度。这在上面的运算中，就已经体现出来了。

骗人的杯子

生活在 17、18 世纪的那些有钱人，总爱用一种特殊的酒具来捉弄别人。其实，这就是一个瓶颈处刻有宽纹饰的酒杯。将酒倒进这个杯子里，再命令一个身份较低的人去喝，于是贵族们就开始了尽情地捉弄取乐。里面的酒真的喝不到吗？如果按我们常用的方式，让酒杯倾斜着来喝的话，酒不会流到嘴里，而是会顺着杯子上部的切口洒下来。这正如故事中所讲的那样：

图 6-14 18 世纪末期用来捉弄人的酒杯及其特殊的构造

曾经我也在那个地方

试图饮用甘甜的蜂蜜酒

洒在胡须上的酒淌了下来

可是嘴里却一无所有

当然，如果你熟悉这个酒杯的结构特点，只要用手将 B 孔用手堵住，用嘴吸杯子的出口，这样很容易就会把酒喝到嘴里了，而且没有必要让酒杯倾斜或倒置。这是因为，酒杯的柄是一个空腔，酒会由 D 孔，经过杯柄和杯口 C 部位，最后到达嘴里。

前一段时间，这种酒杯被制陶工人制作出来了。我曾经见过他们的样品。酒杯的玄机被隐藏得巧妙。杯身上还刻着这样的字"请不要假装喝到里面的水"。

 **6.14　底朝天的水杯中的水有多重？**

看到这个题目，你也许会脱口而出："怎么会有重量呢，这样的杯子根本就盛不住水。"

于是我又提出了这样的问题："假如能够装下水的话，那它的重量会是多少呢？"

其实，在开口向下的杯子里装满水，并且不外流，是完全能够做到的。我们来看图 6-15，这是一个天平，它的一端系着一个装满水的倒置的酒杯，这个酒杯的杯口伸进了一个带水容器的液面水里，因此水在杯子中是不会流出来的。天平另一端的托盘里，放

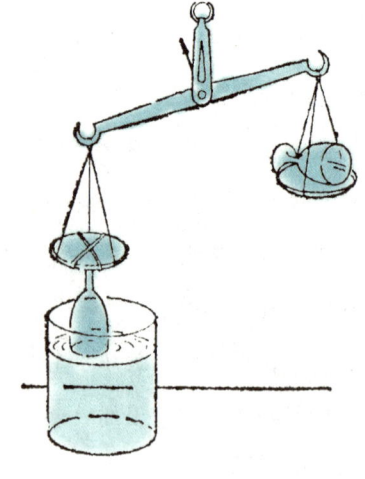

图 6-15　天平的哪一端比较重

着一个相同的空杯子。

此时,天平会向哪一端倾斜呢?

很显然,底朝天装有水的杯子会更重一些。因为,大气压力会施加在杯子的上半部分,而施加在杯子下半部分的是大气压力与杯中水的重力之差。因此,如果想让天平的两端一样重的话,只要把另一个托盘上的空杯子装满水就可以了。

这时候,底朝天的酒杯里面的水与另一端酒杯里的水是一样重的。

6.15 相互吸引的轮船

大家都听说过"奥林匹克"号远洋海轮吧,它是世界上屈指可数的巨轮之一。可是有一次,它却出事了:那是1912年,一个瓜果成熟的季节,"奥林匹克"号行驶在广阔的海洋上。在它的几百米之外,还有一艘很小的轮船"豪客"号,也以很快的速度在向前航行,如图6–16。当它们所处的位置与图上画的相同时,不幸发生了:"豪客"号好像被一只无形的巨手推着,调转船头,横着冲向了大船,无论船员们怎么操作都无济于事。终于,两船相撞了。"豪客"号将"奥林匹克"号的船舷撞出了一个很大的窟窿。

最后"奥林匹克"号的船长被海事法庭判为过错方。法庭认为,主要是船长没有及时下达避让小船的命令,才导致这场事故的发生。

而法庭在审议时,根本没有发现任何异常的事情,主要还是船长的指挥调度有问题。

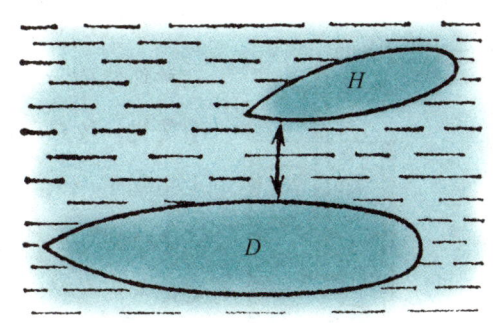

图6–16 "奥林匹克"号与"豪客"号发生碰撞之前,两船的位置

可是，没有人会想到，轮船在大海上会互相吸引的，这才是致使两船相撞的另一个主要原因。

以前，两艘并排行驶的船只也发生过类似互相碰撞的事故。因为那时候都是一些比较小的船只，所以不能很明显地看到这种现象。当那些有"海上城市"

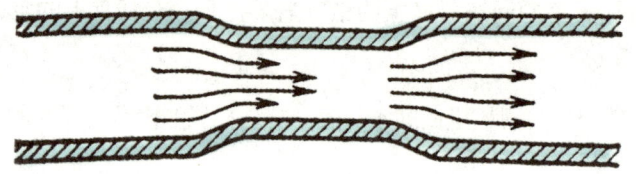

图 6-17 水在航道的狭窄地段流动速度会加快，但施加在航道两岸的压力则会减小

之称的船只，遍布海面时，就会发现它们之间的确在互相吸引。舰队的指挥者，在海军实战演练的时候，也发现了这种情况。

一些在海上行驶的小型轮船，当它们靠近巨轮或战舰时，发生不幸的原因也是相同的。

那么，这种吸引又是怎么回事呢？在第四章，我们已经了解了，船之间所产生的引力是相当小的。发生这种现象的原因就是液体位于管道或航道里的流动原理，如图 6-17 所示。假如水在一条宽窄不一的航道里流淌，到了狭窄的地段时，水流动的速度就会加快，施加在航道两岸的压力相对较小。当水在较宽的地段流动时速度则会比较减慢（伯努利原理）。

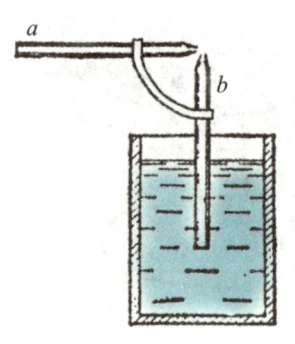

图 6-18 简易喷雾器

对气体来讲，这个原理也同样适用。只不过把这种现象称为"稀奇古怪的气流"。在这里还有一个传说：故事发生在法国，在一座矿山的某道坑壁上出现了一个洞，于是，领班就命令一位矿工，将这个洞用木板挡起来。由这个洞吹进来的空气，总是把木板掀翻，这位矿工因为无法完成任务而恼火不已。猛然间，就听见"嘣"的一声，木板自己贴在了坑壁上，而且劲头十足。要不是木板足够大的

话，就会连同这个矿工一起被卷入洞中。

我们常见的喷雾器，也正是由于气流的这种性质才得以发挥作用的。我们一起来看图6-18，横在上面的是一根尾部比较细的管子，我们向这根管子里吹气。

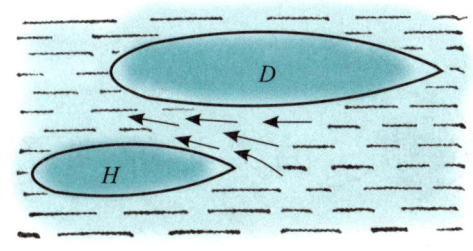

图6-19 行驶中的两艘轮船之间的水流情况

当空气到达 a 管的尾部时，对管壁的压力就会减小。b 管里面的液体在大气的压力之下，沿直管上行，到达管口时与吹过的气体汇合，然后再以雾状的形式散到空中。

这与两只船之间的相互吸引是相同的。平行航行的两艘轮船的船舷之间，会有一条无形的水道出现。一般情况下，处于管道中的水，是不断流动的，而管子不动。但这时候做运动的却是水道的壁，水并没有流动，如图6-19所示。尽管如此，各个力之间相互作用还是相同的：处于狭窄部位的水，施加在水道壁的压力要小于四周承受的轮船的压力。就这样，在外侧水的压力之下，轮船发生了相向运动。小型轮船的移动会很明显，那些巨轮几乎看不到任何位置的改变。这就是人们看到的大船吸引小船的原因。

可见，正是因为各部分水流的速度不同而产生的压强不同，才导致了船与船之间互相吸引的现象。同样的道理，掉入大海的人遇到激流就会有生命危险，人还会被漩涡吸到里面去。通过计算就能知道，水以每秒钟1米的速度流动时，身体所承受的吸引力是30千克。在这么大的吸引力之下，身体会由于失去平衡，而被摔倒，尤其在水中更为明显。这个原理同样适用于运动的火车，火车在快速行进的过程中所产生的引力：以每小时50千米的速度向前行驶的火车，会产生8千克的吸引力。

在自然界中，类似的现象非常多，只是我们关于这方面的知识了解得太少了。下面的内容，是我在一本科普读物中看到的，于是就摘录了下来，和大家共同学习。

6.16 伯努利原理及其效应

水或者气体流动的速度越慢，它们产生的压力就越大；如果速度增加了，压力就会随之减小。这个原理是由丹尼尔·伯努利在1726年首次提出来的。当然，这个原理的运用有一定的局限性，在这里就不详细说明了。

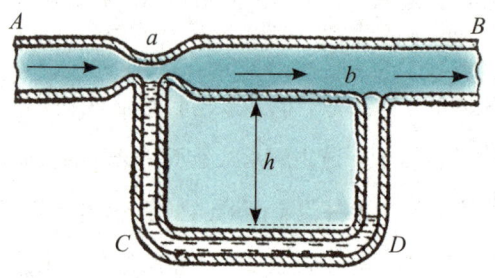

图 6-20 伯努利原理的示意图。
在管 AB 中，a 处的压力要小于 b 处的压力

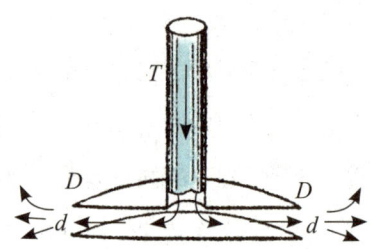

图 6-21 用圆盘来进行实验

图 6-20 画的就是这个原理的示意图。

图中，AB 是进气管，在管的狭窄部位如 a 处，气体就会以较快的速度通过；在横截面积比较大的 b 处，气体通过的速度就会比较慢。气流越快，对管壁的压力就越小；气流缓慢时，对管壁的压力就会增大。所以，管道 C 中的液面，会因为 a 处压力的减小而升高；这时，管道 D 中的液面，也在 b 处强大的压力之下而降低。

我们再来看图 6-21，一个用铜制作的圆盘，我们用 DD 表示，将短管 T 在 DD 上固定。从 T 管进入的空气会流经 dd，dd 是与 T 管不相连的另一个圆盘。空气在两个圆盘之间的时候，速度会加快，当接近下面圆盘外缘时，气流速度会迅速减慢。这是因为，从两个圆盘之间冲出的气流，在空间变大的同时惯性的作用力也在减弱。然而，由于气流速度的减慢，底部圆盘受到的空气压力会

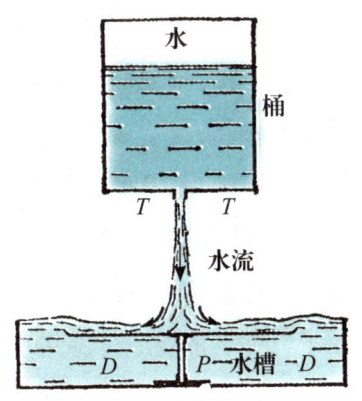

图 6-22 桶 TT 里面的水流到圆盘 DD 上，被 P 轴支撑的圆盘就会升高

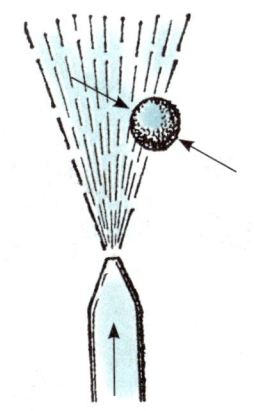

图 6-23 气流支撑下的小球

增大；在两个圆盘之间，气流的速度很快，空气的压力也就比较小。所以，圆盘承受着来自四周较大的空气压力，并且总想把两个圆盘分开。可是，空气通过 D 管的速度越快，圆盘 DD 对 dd 的吸引力就越强。

图 6-22 是一个带水的实验装置，假如 DD 是一个外缘上翘的盘子，那么盘子里面的水，在快速流动时就会使盘子上升到与水槽液面相同的高度。所以槽中水的压力要大于圆盘里面水的压力，因此圆盘会向上运动。在这里 P 轴起固定作用，主要是防止圆盘左右倾斜。

图 6-23 是一个被气流吹着的小球。小球在气流的吹动下，会一直漂浮在那里。若小球偏离气流的包围圈，还会在空气的压力之下返回来。这是由于，气流的速度大于空气的速度，就导致了气流的压力小于空气的压力。

在图 6-24 中，描绘的是两艘在水面上行驶的船只。由于它们之间离得很近，

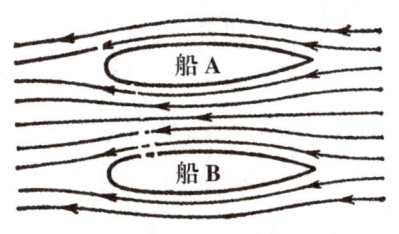

图 6-24 两艘并排行驶的船只，好像真的在彼此吸引

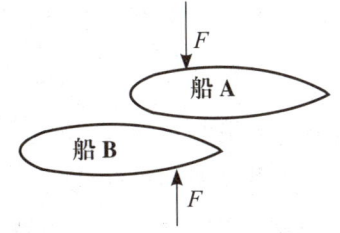

图 6-25 当两艘船向前行驶时，B 船会调过头来冲向 A 船

105

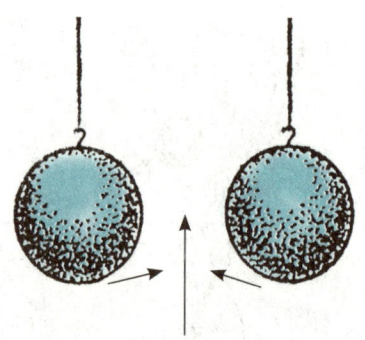

图6-26 在两个气球中间吹气，它们就会互相靠近然后相撞

所以两船中间的水流速度会比它们外侧的水流速度快，而压力则要小于它们外侧的压力。因此，在周围水的压力之下，这两艘船会相互靠近。即使是并排行驶，也有可能相撞。那些经验丰富的水手们都明白这个道理。

假如这两艘船是一前一后行驶的，那就更可怕了。由于力的作用，相互靠近的船只还会改变航向。而此时的B船被一个巨大的力推着冲向A船。水手还没有反应过来，撞击就不可避免地发生了。

我们可以用两个气球，来演示上面这种情况：像图6-26那样，在吊起的两个气球中间吹气，它们就会不断地靠近、撞击。

鱼鳔的作用

平日里，我们总认为，鱼在上浮的过程中，会让自己的鳔鼓起来，这样膨胀起来的身体排水量就会增加。当鱼的排水量大于它自身重量的时候，由于浮力的作用，鱼就会浮出水面。假如鱼想沉入海底时，就把鳔缩回去，此时的排水量就会大幅缩减，依据阿基米德原理，鱼会向海底游去。

以上就是佛罗伦萨学院的科研人员，在17世纪首次对鱼鳔的作用进行的阐述。1685年，伯雷利教授正式将这个观点书面化。同时还被收纳在了教科书中，供人们学习和研究。就这样持续了200多年。其间没有一个人怀疑它的正确性。直到有一天，一项新研究成果（莫洛·萨博奈尔）的出现，人们才觉得这个理论存在着诸多问题。

在鱼的上浮和下行中，鱼鳔起到了非常重要的作用。这一点是确信无疑的。假如鱼失去了鳔，只能靠鱼鳍用力摆动来维持它在水中的位置。鱼鳍要是停止了运动，鱼将会坠入水底。那么，鱼鳔究竟有哪些作用呢？答案只有一点：就是当鱼的排水量与它自身的重量相等时，鱼鳔就会协助鱼在那里停下来。如果鱼用自己的鱼鳍把身体沉入到更深的海里，由于水的压力，它的身体会缩小，鱼鳔也在压力的作用下缩了回来。这样一来，鱼的体积就变小了，它的排水量也就少了，当鱼的体重大于排开水的重量时，鱼便沉了下去。越接近水底，鱼受到的水的压力就越大（鱼向下运动10米，水就会增加1个大气压力），同时鱼本身的体积会不断缩小，就这样鱼一直沉了下去。

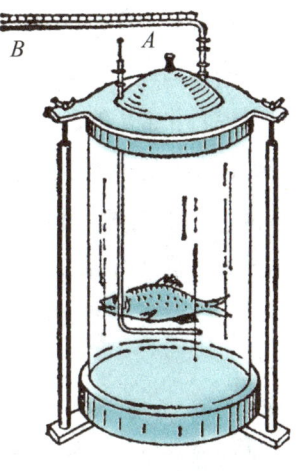

图 6-27 用鱼进行的实验

  鱼一旦离开维持自己身体平衡的那层水，往更高的水层前进的时候，也是同样的道理，只不过是反方向运动而已。在水的压力不断减小的情况下，鱼利用鱼鳔的作用将身体逐渐膨大，这样就会越升越高了。在这些运动中，鱼是无法用"压缩"鱼鳔这种行为来控制的，这是因为鱼鳔壁上的肌纤维对于鱼身体的膨大或缩小是无能为力的。

  下面这个实验，能充分说明鱼的身体不是自主变大的，如图6-27。在一个可以密闭的容器中，装入水，再放入一条用氯仿麻醉过的鱼。在一定的深度，容器中的压力与外界池塘的压力几乎是相等的。此时，鱼是背部向下漂浮在水面上的，如果把它摁进深一点的水里，它立马就会浮上来。如果把鱼放到水的深处，那它就会沉入容器的底部；然而，在鱼的这两个位置中间，存在着那么一层能维持它身体平衡的水，它在这层水里既不会浮上水面也不会沉入水底。有了上面的讲述，这种现象就不难理解了。

  所以，鱼鳔根本不能按照鱼本身意愿膨大或者缩小。它是由于外部压力的变化而被动地改变自己的体积（以波马定律为依据）。对鱼而言，这种体积的改变是有百害而无一利的，因为鱼在这种情况下，下沉或者是上浮的速度会不断增加。也就是说，鱼在鱼鳔的帮助之下会出现一个静止的平衡状态，但这个状态很容易被破坏掉。

这就是鱼鳔在鱼的沉浮过程中起到的作用。要说鱼鳔的其他功能,还有待于我们去发现。除了它在流体静力学方面的作用之外,人类对这个器官的了解可以说是非常少的。

在垂钓的过程中,也会发生上面的情景:鱼儿被钓起的途中脱钩了,但它并没有一下子就沉到海底,而是掉进水里之后,马上又升到了水面。偶尔人们还能看见鱼鳔向鱼嘴里凸出的情形。

6.18 波浪与旋风

物理学上一些简单的原理,根本就解释不清日常发生的多种现象,就是大海上风吹起的波浪,在中学的物理教科书中也没有详细的阐述。轮船在平静的水面上行进时,船头为什么会散出波浪?旗子为何能够迎风飘扬?海滩的细沙为何会是波浪形的?从厂房烟囱里冒出的烟怎么会成团状呢?

这类现象的解释,要涉及到气体与液体的涡流特征。在此我们就概括性地介绍一下这方面的知识,这在中学的课程中是讲不到的。

在管子里流动的液体,如图 6-28 所示。假如所有的微粒都顺着管子平行流动的话,就产生了平静流动,这是液体最简单的运动形式,也是科学家们总是提起的片流。但片流并不常见。一般情况下,管子里的液体是从管壁流向管轴的,做的是湍流运动,又叫涡流,如图 6-29 所示。水在自来水管道中,就是以这种方式运动的(不包括较细的部分,在细处水是片流的)。在粗细合适的管道里,水以一定的速度流动,这个速度就是临界速

图 6-28 在管子里面平静流动的液体(片流)

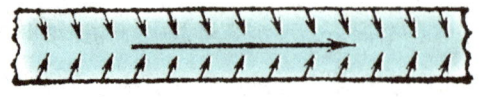

图 6-29 管道中的液体在做涡流运动

度，此时就会发生涡流现象。

假设管道和它里面流动的液体都是透明的，此时我们将一些石松子粉撒在液体里，就能够看到管子里做湍流运动的液体了。这时，从管壁向管轴涡流现象就呈现在了我们的面前。

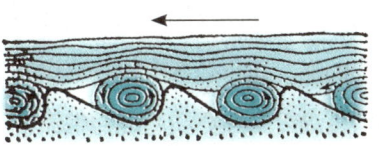

图6-30 做涡流运动的海水，在岸边制造的沙浪

涡流独特的运动形式，让它在冷藏器和冷却器的制造中，得到了广泛的应用。液体以涡流的形式在管壁冷却的管道中运动，液体中所有的分子都会触碰到管壁，

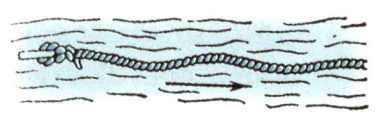

图6-31 涡流导致绳子在水里像波浪一样运动

这样冷却速度就会加快。我们需要注意的是，液体本身的导热性能是很慢的，在冷却或增温的过程中需要不断地搅拌。在身体里流动的血液，之所以能够迅速地和各个组织间进行物质交换，是因为血管中的血液是涡流的。

露天河道中的水，同样也是以涡流的方式前进的。在对河水进行测量时，测量仪会发生脉动，越接近河底的地方越明显，这种脉动现象说明了，水的流动方向在不断地变化，即水在涡流。河中的水在顺流而下的同时，也在从河的两岸向中央流动。有人认为河底的水温常年保持在4℃左右，现在看来这种观点是不正确的。因为通过上面的介绍，我们知道了河底的水在不停地搅动着，所以在河流之中河底与河面的水温是相等的（湖水除外）。涡流可以激起河底的细沙（图6-30），在河底形成一排一排的沙浪，这跟我们在海滩上见到的没什么两样。假如小河的流水非常平缓，河底部的细沙就会是平的。

因此，把东西扔进水里时，水面上就形成了一个漩涡。在水中漂浮的麻绳会连续不断地做S形漂动，这种表现和图6-31

图6-32 沙漠里的"波浪"

109

所示是相同的（绳子的一端被固定了，另一端漂在水中）。这又是什么原因造成的呢？绳子的某个位置形成漩涡后，涡流会带动绳子弯曲向前；在下一个时间段里绳子又会在涡流的带动下，向相反的方向做同样的运动。如此一来，水中的绳子就会以 S 形运动。

我们再来说一下空气。大家都见过旋风吧，就是在地上旋转着刮起的夹杂着尘土、纸屑等的一阵风。这就是空气的涡流。向前运动的空气，一旦形成旋风，它所处位置的空气压力就会减弱，随着水平面的升高，就形成了波浪。也正是由于这个原因，沙漠与沙丘上才会呈现波浪状（图 6-32）。

此时，你肯定明白旗子迎风飘扬的原因了吧：旗子和漂在水中的绳索一样（图 6-33），没有固定的飘动方向，只是在随着空气的涡流而运动。这

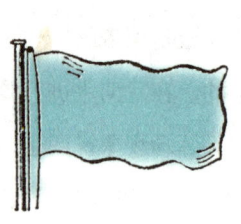
图 6-33 旗子在迎风飘扬

图 6-34 厂房的烟囱里冒出成团的烟雾

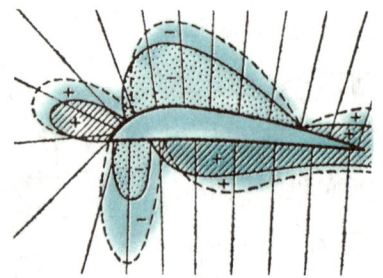

图 6-35 机翼受到哪些力量的支撑？通过实验证实，在机翼的表面高压区（+）与低压区（-）的分布情况。在支撑力与吸引力的作用之下，机翼升上了高空。（压力的分布用实线表示，飞机瞬间加速时的气压分布用虚线表示。）

与厂房烟囱里成团的烟雾是同样的道理：炉中的气体是以涡流运动的方式通过烟囱的。烟雾到了空气中，由于惯性的作用，仍然还在继续做着先前的运动（图6-34）。

在航空领域，空气的涡流运动已经被广泛应用。机翼是一个非常另类的形状，空气稀薄的部分被它下面的材料给填满了，这样就增强了机翼上方的涡流运动。如此一来，机翼就受到了上面吸附、下面支撑的作用（图6-35）。这种现象也会发生在展翅高飞的鸟儿身上。

狂风吹过屋顶时，会发生哪些情况呢？空气在屋顶做涡流运动，屋顶上就会出现一片空气稀薄的地方，为了寻找压力上的平衡，屋顶下方的空气就会向上运动，到达了一定的程度之后，就会冲破屋顶。于是我们就看到了惨不忍睹的一幕：风把那些不够结实的屋顶掀起之后，又卷走了。镶有大块玻璃的窗子，在狂风大作时，偶尔也会被里面的空气压碎（不是外面的空气）。上述现象的发生，还可以用空气运动时压力减小这种原理来说明（见《伯努利原理及其效应》）。

当两种截然不同的气流擦肩而过时，它们都会各自发生涡流。姿态万千的云朵，也是由于这个原因才出现的。

总之，自然界中的很多现象都是与涡流密不可分的。

6.19 去地心旅行

人类能够进入的地下深度为3.3千米，而地球的半径大约是6400千米，也就是说，我们距离地球的中心还有一段相当长的距离。然而，儒勒·凡尔纳这位具有丰富想象力的小说家，却把他故事中的主角送到了地球的中心。古怪教员利登布罗克和他的侄子爱克赛，是《地心游记》中的地下游客。这本书主要就是讲述他们在地下惊险刺激的经历。其中就有一件与空气密度增加相关的事情。越高的地方，空气越稀薄：升高的幅度以算术级数增加的同时，空气的密度则会依照几何级数缩减。同样的道理，越低的地方空气的密度越大。海平面以下的空气是相当密实的。

下面这段对话是故事的两个主人公在地下 48 千米处进行的：

"孩子，快看一下的气压计，我想知道现在的压力究竟是多少？"利登布罗克叔叔问。

"压力已经相当大啦。"

"你看，我们在缓慢下行的过程中，已经慢慢适应了这种越来越密实的空气，并且还感觉不到痛苦。"

"当然，耳朵疼不包括在内啦。"

"这件事不值得一提！"

"好吧，"我觉得没有与他争辩的必要，于是说："在这个地方的确很舒服。难道你没有听见空气中传来的巨响吗？"

"怎么可能。在这里聋子都能听到声音。"

"空气的密度还在不断增加呢，它怎样才能赶上水的密度呀？"

"这根本就不是问题，大气的压力达到 770 个大气压时，你的想法就能实现了。"

"如果我们再往里走呢？"

"密度会继续增加。"

"这样一来，我们很可能会没有办法向下走了呀？"

"弄一些石块放在衣兜里就没问题了。"

"呵呵，叔叔，你可真聪明呀。"

我害怕叔叔会因为我的想法而生气，为了这次旅行的成功，我便不再说话了。但是，空气在上千个大气压的作用下，变成固体也是非常有可能的。即使人可以承受的话，继续前行也是不可能的。这是事实。

6.20 想象和数学

上面是小说家对我们说过的话。假如让我们对这段叙述的事实进行验证,得出的结果居然都是没有依据的想象。对于这样的事情根本不用再进入到地心去进行验证。我们只需要利用纸和笔,对物理学领域的知识进行一次重温就可以了。

第一点要弄清楚,我们要使得大气的压力提高 1‰,下落的深度应当达到多少。760 毫米水银柱重量是普通情况下的大气压。如果我们的居住环境是水银里面,而不是空气中,那要使压力增高 1‰,我们应当下落的高度是 760/1000=0.76 毫米。我们在空气中下落的高度要比这大很多,具体的应当是这个数值的 10500 倍。(水银和空气重量的比)因此我们在空气里只有下落的高度达到水银下落的高度 0.76 毫米的 10500 倍,也就是大约 8 米,大气压力才会增高 1‰。当我们在想增加压力的 1‰,还要下落 8 米左右,如此类推下去。[①]但是不论怎样,哪怕我们站的高度是人类上升的最大限度 22 千米,或者是珠穆朗玛峰的山顶 9 千米,再或者是海平面上面,要想使大气压力在原来基础上增加 1‰,就必然要下落 8 米左右。

地面上的正常大气压力是 760 毫米;

地面下 8 米深处的大气压力是正常大气压力的 $(1+0.001)$ 倍;

地面下 8×2 米深处的大气压力是正常大气压力的 $(1+0.001)^2$ 倍;

地面下 8×3 米深处的大气压力是正常大气压力的 $(1+0.001)^3$ 倍;

地面下 8×4 米深处的大气压力是正常大气压力的 $(1+0.001)^4$ 倍。

综上所述,在深度是 8 的 n 倍的地方,大气的压力就是普通大气压力的 $(1+0.001)^n$ 倍,不仅如此,空气的密度(在压力特别大的情况下),也

[①] 因为下面一个 8 米增加的压力基数已经比上一个大了很多,所以下层的空气肯定要比上层的密实很多。

要增加 $(1+0.001)^n$ 倍，这正是马里奥特定律。

依据小说的描述，48 千米大概就是地下旅行家达到的深度，因此，重力的减小，以及相关的空气重量的减小都可以忽略不计。

儒勒·凡尔纳的小说中的旅行家在深度是 48 千米的地方受到的压力，此刻我们就可以通过公式：

$n=48\,000/8=6\,000$。

计算一番，这只是对 $(1+0.001)^n$ 的计算。6 000 个的 (1+0.001) 相乘计算起来非常的单调并且浪费时间。可以再次利用对数，拉普拉斯对有关对数的评论说的很不错，[②]它使得我们的劳动得到了节省，因此我们的寿命得以延长。我们可以用式子：

$$6\,000 \times log1.001 = 6\,000 \times 0.00043 \approx 2.6。$$

从而得出对数为 2.6，从而得出答案数值是 400。

因此在深度为 48 千米的地方，那里的大气压力是普通的 400 倍。我们可以通过实验得出，空气的密度在如此压力下增加到原来的 315 倍。因此对于我们书中的旅行家说出了耳朵痛没有别的不舒服，这是根本不可信的……小说家甚至说人们到过地下更深的地方，比如 120 千米，更离谱的是 325 千米。要知道 325 千米深的地方大气压力高得吓人，那已经远远超出了人的承受极限 3～4 个大气压力。

空气的密度增加到 770 倍，达到水的程度，是在多深的地方，也可以利用这个式子计算出来。53 千米就是计算的结果。可是当超出的一定的界限，空气的密度和压力就不成正比了，所以 53 千米并不是一个正确的结果。马里奥特定律在特定的大气压力下（100 个大气压力内）才成立，下面的数据是通过

[②]拉普拉斯的对数理论会令原本讨厌对数的人都会变得非常喜欢对数，《宇宙体系论》中就有这样的一段话：对数的发明，可以在几天的计算里得出原本要计算几个月的结果，天文学者的寿命被这方法延长一倍，他们的错误也会降低很多，由于长时间的计算导致的烦闷情绪也会得到疏解。对数的发明是人类精神上的宝贵成就。这不像自然发明那样脱离不开自然界的物质材料和能量，这里只依靠人类自己就可以了。

纳杰列夫的实验获得的。

空气压力是 200 时密度为 190；

空气压力是 400 时密度为 315；

空气压力是 600 时密度为 387；

空气压力是 1500 时密度为 513；

空气压力是 1800 时密度为 540；

空气压力是 2100 时密度为 564。

我们可以看到，压力的增加速度要高于密度的增加速度。因此小说中的科学家们是不可能在某种深度得到密度比水还要大的空气的。除非在 3 000 个大气压力下，它们的密度才和水一致，但是这样的情况是不存在的。如果不把温度同时下降到零下 146 度，是不可能把空气变成固体的，如果坚持上面的条件不可能压缩成功的。

但是我们现在不能够对儒勒·凡尔纳的小说进行太多的批评，这样是不公平的，毕竟他想象出的那些故事是发生在很久以前了。

对人体的健康没有危害的矿井的最大深度到底是多少，我们可以通过上面的式子计算出来。3 个大气压力是我们的承受极限。设矿井的深度是 x，列出方程式：

$$(1+0.001)^{\frac{x}{8}}=3;$$

从而得出 x=8.9 千米。

因此，人在地下 9 千米左右的深度工作是没有太大危害的。

6.21 在深矿井里

不谈幻想只论事实的话，有谁到过最接近地心的地方呢？那就只能是矿工了。通过第四章我们知道，南美洲有着世界上最深的矿井，其深度以超过 3 千米。这里说的是人达到的深度，而不是钻井达到的深度，有些地方已经被钻探工具探到了 7.5 千米以上了。我们来看一下关于巴西一个深度大约为 2300 米的矿场的描写，这是法国作家留克·袁尔登博士亲自参观后的一段描写：

> 在离约热内卢 400 千米的地方坐落着著名的摩洛·维尔荷金矿。你乘坐 16 个小时的火车穿过多山的区域后，就可以下降到一个被丛林围起来的山谷。里面有一家英国公司，在这从未有人到过的大山深处开采金矿。
>
> 矿脉是斜而深的走向，矿井的六级采掘段顺着矿脉建成，有水平巷道和竖直的竖井。以寻找黄金为目的，人类在地壳里挖掘最深的矿井，将探钻钻向地心，这成为现代化社会的突出特征之一。
>
> 你在里面得穿着皮革短上衣和帆布工作服，朝井下落去的一块极小的石头都会打伤你，所以你得很小心才行。下面的巷道温度低到 4℃，冷风吹得人发抖，这是为了使矿井深处的温度降低而输送进去的冷空气。一位矿里的工长陪我们进入井下第一个通道，那个通道里的灯光很亮。
>
> 经过一个深 700 米的竖井之后，就到第二个通道了。现在，我们乘坐的金属笼子已经到达第二个通道并正在继续下降。此时我们所在的位置已经低于海平面了，空气变得暖和起来。
>
> 到了下一个竖井，到处都是烫脸的空气。我们曲着身体，挥着汗，身体从低低的窟窿下穿过，朝着有钻机响声的方向前进。飞扬的尘土里，有一些裸体人在工作着。他们正汗流浃背地传递那些热水瓶。那些刚被打下来的矿石，温度高达 57℃，你千万不要轻易碰触。
>
> 仅仅每天大约 10 千克的黄金，就是这种既可怕又可恶的劳动结果……

这位法国作家在描写矿井底部工人们被极端剥削的程度和自然条件时，没提到气压的增大，只是提到了高温度。

2300 米的深度时，空气的压力到底是多大呢？我们来算一下。当那里的温度和地面温度一样时，有已知公式我们可知那里的空气密度与原来相比会增长到：

$$(1.001)^{\frac{2300}{8}} = 1.33 \text{ 倍}$$

但那里的实际温度比地面高,并不是和地面相同。所以空气密度要比现在的计算结果小一些。矿井里的气压之所以不会引起人们的关注,是因为,最后就密度来看,与炎热的夏天和寒冷的冬天的空气之间的差异相比,矿井底和地面的空气差异只是略大一些而已。

可是空气湿度却会产生很大影响。高温情况下,矿井里的空气相对湿度会让人忍受不了。南非有一个约翰内斯堡矿,矿井深度为 2553 米,当温度为 50℃的情况下,就会达到 100% 的相对湿度。一种被称作"人造气候"的装置正在这里建造,这里的装置能起到 200 万千克冰所起到的冷却作用。

6.22 乘平流层气球上升

前面几小节曾用想象带我们到地心旅行过,表示气压和深度关系的公式在那时给过我们不少帮助,现在我们仍然需要借助这个公式的帮助,我们将做一个冒险,上升到上面去看看,这个公式现在的表现形式为:

$$P = 0.999^{\frac{h}{8}}$$

该公式中 h 指高度(以米为单位),p 指大气压数。因为每上升 8 米,气压会降低 0.001,而不是增高 0.001,所以我们用 0.999 代替 1.001。

我们来看一下,与之前相比,升到什么高度时,气压才会降到一半?

为了解决这个问题,我们计算一下当 $p=0.5$ 时,高度 h 为多少。

当 $p=0.5$ 时,则有:

$$0.5 = 0.999^{\frac{h}{8}}$$

根据对数方程的解法,我们得出:$h=5.6$ 千米,也就是说,当上升到距离地面 5.6 千米的高度时,气压才会降低一半。

现在让我们跟航空家一起,上升到 19 千米和 22 千米的高度去。这样的高度，已经是大气层的平流层了，所以载我们上升的气球叫做平流层气球，而不是普通的气球。19千米和22千米分别是某两只气球1933年和1934年所创下的上升高度的世界记录。

我们来算一下这个高度时，气压为多大。当高度为19千米时，气压为：

$0.999^{\frac{19\,000}{8}}$ =0.095 大气压 =72 毫米汞柱；

当高度为22千米时，气压为：

$0.999^{\frac{22\,000}{8}}$ =0.066 大气压 =50 毫米汞柱。

可是平流层驾驶员的记录显示，在19千米处气压为50毫米汞柱，在22千米处气压为45毫米汞柱，这一结果与我们计算得出的结果不同。

那么问题出在哪里呢？为什么会有不同的结果呢？

在这样小的压力情况下，马里奥特的定律完全能够适用，只是有一件事被我们忽略了。空气层的温度其实是随着高度上升而显著降低的，我们却把20千米厚的空气层的温度视为相同的，但实际情况是，高度每上升1千米，温度就会下降$6.5℃$。因此当高度为11千米时，温度处于$-56℃$。但是继续升高的话，在很大一段距离中，却又会一直保持这个温度，不会继续降低。如果我们把这些情况都计算在内，计算结果一定会更贴近实际，当然，这已经超出初等数学的计算范围了。同理，以前我们对地下深处的气压的计算结果，也只是一个近似的答案。

第7章

热的现象

7.1 扇子

人们自己扇扇子的时候，会感觉凉快，而且他的做法好像并不对屋子里的人产生坏的影响，由于他扇凉了屋里的空气，当时跟他在一起的人还应该感谢他。

我们来看一下实际情况到底是怎样的，扇扇子的时候我们为什么会感到凉快呢？当贴近脸部皮肤的空气变热后，一层热空气无形中就罩在了我们脸上。由于这层热空气影响我们脸部热气的消散，我们的脸部会觉得热。假如我们周围的空气不流动，那么没有变热的空气只能缓慢地把我们脸部的热空气挤到上面去。用扇子把热空气赶走的时候，新空气就总是围绕在我们脸部，吸收脸部的热，热量从身体里消散出去，因此我们感觉凉快。

由此可见，人们扇扇子时，是把热空气不断地从自己的脸部赶走，以不热的空气来代替，依次下去，之后的凉空气又把刚刚变热的空气代替掉……

当空气被扇动的扇子加速流动后，很快房间里的空气温度就都一样了，扇扇子时自己感到舒服，是因为在使用着别人周围的凉空气。我们来看一下扇子在另一种情况下能发挥什么作用？

7.2 为什么有风的时候会更冷？

众所周知，人在有风的天气里比没有风的天气里会感觉更冷，但并不是每个人都会知道这种现象背后的原因。

当我们把温度计放在风里时，它的水银柱不会下降。只有生物才能在有风的时候感觉更冷。与没风的时候相比，在有风的时候，更多的热量会从人们的脸部（确切地说是全身）散掉，所以在有风的天气里人们会冷。没有风的时候，新的冷空气无法很快地代替被身体暖过的空气。风越大，皮肤接触的空气在每分钟里流过的也就越多，在一分钟里，从我们身上散掉的热量也就越多。仅这一点就足够让我们感觉冷了。

另一个原因是，即便在冷空气里，我们的皮肤也要不断蒸发水分。我们会从身体上向贴在身体的那层热空气里输出热量。蒸发无法在饱和了水蒸气的空气里进行，所以当空气不动时，贴在皮肤上的空气中所含水蒸气很快就饱和了，所以蒸发进行得很慢。

风的速度和空气的温度决定空气的冷却作用到底有多大？通常情况下，它要大于普通的想象。这一点可以用例子来证明，在没有风的天气，假设空气的温度是4℃，我们的皮肤在这样的状况下是31℃。如果现在有一阵不能吹动树叶却能吹动旗子的风吹过来，风速为2m/s，则我们的皮肤的温度将比原来低7℃。当风速为6m/s时，旗子能够飘扬起来，皮肤的温度会降低到9℃，也就是说皮肤的温度下降了22℃。

所以单凭温度判断我们感到的冷暖是不够的，还应该注意风速。对于寒冷的程度，莫斯科人会比列宁格勒人觉得好受些，虽然莫斯科和列宁格勒的寒冷程度相同，这是由于沿波罗的海岸的平均风速有每秒5～6米，莫斯科的风速为每秒4.5米，外贝加尔区的平均风速仅为每秒1.3米，所以当然会感觉好受得多了。

西伯利亚几乎完全没有风，尤其是在冬季，所以即便西伯利亚的寒冷是出了名的，但并非像住在欧洲吹惯了大风的人的所想象的难受程度一样。

7.3　沙漠的热风

读完上面的文章后读者或许会说："这样看来，风应该能在炎热的日子里带来凉爽，可是为什么同样的情况下，沙漠的热风又常常被旅行家提起呢？"

这个矛盾是因为，热带气候里的空气比人体更热，起风的时候人们不会觉得更凉快，反而会觉得更热也就毫不奇怪了。那里是空气把热传到人身体上，而不是人体把热传向空气。当每分钟里流过来跟人接触的空气越多，人也就越热。当然，大风也会加强这里的蒸发作用，但人体的皮肤温度会因热风而增加。所以长袍和皮帽成为沙漠里的居民的着装特点，土尔克人就是显著的例子。

7.4 面纱能否保温

面纱能否保温是日常生活中的另外一个物理学方面的问题。妇女们会觉得不带面纱就觉得冷，确定面纱可以保温。可是男人们却不相信这话，他们以为女人们觉得面纱保温是心理作用，因为那薄薄的面纱上还带有不算小的孔。

对于这个说法，如果你回想一下上面说的话，就不会觉得太没根据了。虽然面纱上有不少的孔，但空气穿过时毕竟会慢下来。凉空气贴在脸上变热后，就成了热面罩，面纱又起到阻拦作用，空气流过的速度就会慢下来。因此妇女们说在微冷和微风的天气下散步，戴面纱要比不带面纱暖些是正确的。

7.5 冷水瓶

关于冷水瓶，即便你没有见过，也可能看过书报里的相关信息，或者听人提起过。这是种很有意思的容器，它是用没被烧过的黏土做成的，把水灌在它里面，水就会比周围的物体更凉一些。南方各民族常常使用这种容器。它有很多叫法：西班牙叫它"阿利卡拉查"，埃及叫它"戈乌拉"，等等。

这种水瓶是这样起到冷却作用的：瓶里的水从黏土壁渗出到瓶外，然后通过蒸发，从容器以及里面的水那里带走一些热量。

因为冷却作用不大，正像南国游记里记载的一样，这种容器里面的水不可能变得特别凉，这牵扯到很多相关因素。当空气越热的时候，渗出的水被蒸发得也就越快，里面的水就会越来越凉。这也要看周围空气的湿度，空气湿度越大蒸发就越慢，容器里的水也就越难冷却。当渗出的水在干燥的空气里被快速蒸发时，也就越能彰显该容器的冷却效果。风也能使冷却程度加大、蒸发加快。来看一下风的作用：如果你穿着一件湿衣服，在热而有风的日子里就会凉快很多。5℃是冷水瓶里水温下降的幅度。南方炎热的天气里，当温度为33℃时，冷水瓶里的温度为28℃，这和浴池里的水温度差不多。看来，该容器似乎起不到太大的冷却作用，只是里面冷水的水温能够得到保持，不至于变得太热。这也是它的主要用途。

冷水瓶里的水冷到什么程度是可以被计算出来的。

如果冷水瓶的容量为5升，并且$\frac{1}{10}$升已经被蒸发掉。当气温高到33℃时，大约580大卡的热量才能蒸发掉一升水。也就是说，花了58大卡的热量才将$\frac{1}{10}$千克水蒸发掉了。如果瓶里的水提供蒸发所需要的热量，那么水的温度就降低了大约12℃，也就是$\frac{58}{5}$。但由于瓶里的水一面提供热量一面从外面吸收热量，而且瓶壁和瓶壁四周的空气也提供一些蒸发时需要的热量，因此与计算出的既定冷却温度相比，冷水瓶里的水只能冷到一半。

冷水瓶是在日光下冷却效果好一些，还是在暗影里冷却效果好一些呢？这很难说清楚。蒸发当然会在日光下更快，但是瓶里的吸热量也会增加。把冷水瓶放在略微有些风的阴影里才是最好的方法。

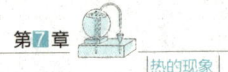

7.6 不用冰的"冰箱"

我们可以制造一种不用冰的冰箱来保存食物,它依据的是蒸发制冷的原理。这种冰箱可以用木头或者白铁皮来做,在里面装好用来放冷藏食品的架子。其构造很简单。将一个长形容器放在箱顶,里面放满清洁的水。将一块粗布一端浸入容器里,另一端顺着冰箱的后壁垂直接到下面容器里。当水浸透了粗布之后,水就会不停地浸润粗布,粗布起到了类似于灯芯的作用。此时水会被慢慢地蒸发,从而使整个"冰箱"里的温度降低。

所用的粗布和盛水的容器应当保持清洁,为了使它里面的温度完全变凉,还要每天晚上换一次水,而且我们一定要把这种"冰箱"放置在凉爽的地方。

7.7 我们能承受多高的热?

我们住在温带的人难以忍受的高温,南方各国人们却能忍受呢?人类耐热的能力要强于普通的想象的很多倍。在澳洲中部,即便再阴影的地方,最高温时甚至达到过55℃,常常高达46℃。从红海驶入波斯湾的轮船,虽然一直处在通风状态,但其温度仍然高达50℃以上。

57℃,是自然界中陆地上所见的最高温度。人们曾在北美洲加利福尼亚一个叫"死古"的地方测到此温度。

气象学家喜欢在阴影里测量温度,刚才提到的温度就是在阴影里测量出来的。让我们来解释一下气象学家为什么这么做吧:当温度计出现在阳光下,它就会被太阳晒得很热,热度会超过周围空气的温度,所以将温度计放在阳光下测量温度没有意义。温度计在阴影里测出来的温度才是空气的温度。

对于人体能够忍耐的最高温度,已经有人用实验的方法测量出来了。空气干燥的状况下,把人体周围的温度极为缓慢地提高,人体能忍受的温度可达到100℃,即沸水的温度。有时能忍受的温度会高达160℃,这一点曾被英国物理学家布拉格顿和钦特的实验所证明。他们曾经有好几个小时停留在面包房的烧热的炉子里。"如果空气的温度和能烧熟鸡蛋和牛排的房间温度相同,人在其中仍然是安全无恙的。"丁达尔如是说。

为什么人能耐得住这样的高温呢?其实人体一直保持着接近于正常体温的温度,并不能接受这样的温度,是大量出汗的方法帮他们抵抗了高温。因为汗水蒸发时,紧贴皮肤的那一层热会被汗水吸收掉,从而使这层温度降低。但是人体能够忍受高温是需要条件的,那就是:空气必须干燥,而且不能直接接触热源。

比如梅雨天气温度虽只有20℃,盛夏时气温却达到30℃以上,但由于梅雨天气湿度高,盛夏的湿度低,反而是盛夏的天气更容易忍受,这一点很多人都曾有过体会。

7.8 是温度计还是气压计

有一个人竟因为以下的原因而不洗澡,这是个很有名的笑话。

"当在浴盆里插入气压计时,气压计告诉我有雷雨……这让洗澡变成了危险的行为!"

不要以为你可以轻易地把气压计和温度计分清楚。有一种温度计其实是验温计,也可以叫它气压计。反之,也有某些气压计原本就是

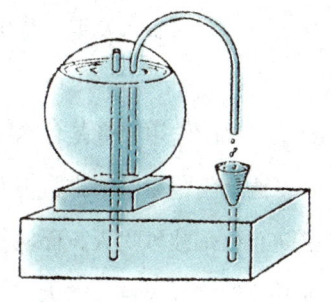

图 7-1 希罗的检温仪

温度计。如图 7-1，那种被希腊人制造的验温计就是一例。小球里面上部的空气因阳光的暴晒而膨胀。里面的水就会被这膨胀的空气压到球外面去，水开始通过管子滴到漏斗里，然后漏斗里面的水就会流到下面的水箱里。反过来说，小球里面上部的空气会在冷天减小压力，这样水就在外面空气的压力下，从下面水箱里顺着直管上升到小球里面。

但是这个仪器会敏感地反映气压的变动：当球里压力仍然保持着原有的压力，但外面气压低于里面的时，里面的空气就会膨胀，在这部分空气的压力下，里面的水会顺着管子进入漏斗里面。当外面气压高于里面时，外面的气压会把水箱里的一部分水压到球里面来。水银柱升降 $\frac{760}{273}$，即大约 2.5 毫米时空气体积所发生的变化、同温度计每升降一度空气体积发生的变化相同。气压的变动在莫斯科能达到 20 毫米以上，希罗验温器上的 8℃ 就相当于这 20 毫米的变化，当气压降低了 20 毫米后，很容易被误认为温度升高了 8℃！

现在我们明白了吧，那种古老的验温计也可以作为气压计使用。在某段时间里，有一种盛水的气压计在市面上销售，它几乎相当于一个温度计了，但是，购买的人却不知道它的这一作用，甚至发明者本人也不知道。

7.9　煤油灯上的玻璃罩有何用？

不会有太多人知道，煤油灯上的玻璃罩曾经走过了漫长的道路才变成了现在的形状。

灯罩的作用究竟是什么呢？

这个问题看似平常，但并不是每个人都能正确地回答。灯罩的次要作用才是防止火焰被风吹灭，而它的主要作用是加快燃烧过程，增加火焰亮度。它能使外面的空气大量流向火焰，以便增强通风，这一点和炉子或者工厂里的烟囱的作用是一样的。

通过仔细研究，我们就知道火焰烧热四周的空气要比它烧热灯罩里面的那个空气柱要慢很多。从下面来的冷空气会把受热变轻的空气推向上面。这样，不断会有从下向上流动的空气带走燃烧生成的热量，并且将新鲜空气带入其中。灯罩变高时，冷热空气在重量上的差数就会变大，新鲜空气流入的速度也就更快。工厂里那些高烟囱也是这个原理，所以那些烟囱常常被做得很高。

"有火的地方，火焰周围就有气流形成，这些气流起到帮助燃烧和加强燃烧的作用。"这很有意思，这也是达·芬奇对这种现象研究之后，记录在笔记本上的一句话。

7.10 火焰为什么不会自己熄灭

将整个燃烧过程仔细想想，我们会不由自主地提出这样的问题：火焰为什么不会自己熄灭？燃烧生成物——二氧化碳和水蒸气都无法燃烧，这一点众所周知。所以当火焰开始燃烧的时候，不能助燃的物质就将它包围了，缺乏空气的燃烧是无法持久的，所以火焰会熄灭。

那么为什么在燃料没有被烧完的时候，这种事情不发生呢？为什么燃烧过程能一直持续下去呢？

因为气体受热膨胀后会变轻，那些燃烧生成物二氧化碳和水蒸气就无法在它形成的地方停留，也无法在靠近火焰的地方停留。它们要跑到上面去，下面的位置会被新鲜空气填满。如果阿基米德原理无法适用于气体上，或者是失重状态下，无论什么样的火焰都会自己熄灭，无法一直燃烧下去。

我们很容易发现火焰的燃烧生成物对火焰会产生有害影响。你自己也会常常不知不觉地利用火焰燃烧后的生成物将灯里的火焰熄灭。想一想油灯是如何被我们熄灭的吧。那些燃烧后生成的不能助燃的产物被你驱赶到下面，也就是说，你从灯罩上面往下吹口气后，就会将它们赶回到火焰周围，这样，得不到充足新鲜空气的火焰就被熄灭了。

7.11 儒勒·凡尔纳小说里漏写的一段

关于那三位勇敢的人怎样度过在奔赴月球的炮弹车厢里的时间，儒勒·凡尔纳曾经详细讲述过。但米协尔·阿尔唐是如何完成炊事员任务的，他却不曾提起。对于在飞行炮弹里做烹调工作这个小事，也许小说家觉得不值得描写，如果确实如此，那他就错了。儒勒·凡尔纳忽略了，在飞行炮弹里一切物体将失去重量的事实。让人惋惜的是，这位《炮弹奔月记》的天才作家竟然忽略了在失重的厨房里做烹调是完全值得描写的题目，现在我将试着把他小说里漏掉的一段补进去，我将尽可能模仿儒勒·凡尔纳的写作效果，使读者读它的感觉像读他本人作品的感觉一样。

在阅读的过程中，读者们一定要铭记，像我们之前提到过的一样，炮弹里面所有的物体都没有重量，那里面没有重力。

7.12 失重厨房里的早餐

在星际旅行的炮弹车厢里，米协尔·阿尔唐对自己的同伴们这样说道："伙伴们，早餐我们都还没有吃呢，在这个炮弹车厢里，我们只是失去了重量，可总不至于失去了食欲吧。伙伴们，我打算做一次失重的早餐，请大家享用。恐怕在世界上全部做出的菜系中，也没有比我的早餐轻的了。"

米协尔·阿尔唐在伙伴们还没有答复的情况下，亲自动手做了起来。

一个大水瓶已被阿尔唐拿在手里拔去了塞子。可他却还不住地小声抱怨着

"怎么水瓶里好像没有了水，我不会被你骗到的，你这样轻是由于失重作用……我已经拔掉了塞子，水可以从里面流出来了，流到锅里去吧！"

但是水在他左摆右放下，就是没有从瓶子里流出来。

尼柯尔看到这个情景解围说道："我亲爱的阿尔唐，你快省省心吧！在这失重的炮弹车厢里，你是知道的，瓶子里的水是流不出来的。它必须被甩出来，就像浓浓的糖酱被甩出来一样。"

经过片刻的思考，阿尔唐就把那个瓶子口向下，之后用自己的手掌在瓶底轻轻拍了一下。之后奇怪的事情发生了，一个拳头大小的水球马上出现在瓶子的口端。

阿尔唐惊讶地大喊："快看这水奇怪的形状，真的是无法想象，瓶子里的水怎么会变成这样，伙伴们有谁知道这到底是怎么一回事？"

"好了阿尔唐，这是最简单的水滴形状。在失重的条件下，水滴的体积可以非常大……你应当牢记，只有重力作用下的流体形状才会和容器相同，被倾倒时才会成股地向外流出。我们现在的状态是失重的，因此水只会在其分子力的作用下，以球的形状出现，这就好比普拉图做的非常有名的一个实验中用的油。"

阿尔唐有些不耐烦了："普拉图的实验我是没有听说过，我只知道做汤就要把水倒出来。我保证，我是不会被什么水分子阻止的。"

水被他用力地倒向飞在空中的锅面上——但是它们好像是串通好了似的。大水球在锅里面不停地滚动。水球并没有停下来的意思，从里面又滚到外面，散落得里外都是——一层厚厚的水于是笼罩在锅的四周。想要把水在这样的条件下烧开是不可能的。

一旁的尼柯尔耐心地劝说怒火中烧的阿尔唐，"这个实验很有意思，如此强大的内聚力被证实了。不必生气，这其实不过是通常情况下固体被液体湿润的过程，此刻只是这种现象缺少了重力的阻止作用而已。"

阿尔唐不赞成地说道："可恶极了，缺少重力阻止。我不管它什么固体被液体湿润的现象，反正都要在锅里给水加热呀，总不可能直接在锅外面加热。

这是闻所未闻的事情，如此情况是不可能有厨师做好汤的！"

巴尔比根于是又站起身来劝慰阿尔唐："假如你不喜欢这种湿润现象，有一个简便的方法对其进行阻止。你不会忘记了吧，只要把一层薄薄的油涂抹在物体的表面，就可以阻止水的湿润作用。把一层油涂抹在锅的外面，水就出不来了。"

"太好了，这是真正的学识渊博。"阿尔唐高兴地回了一句，然后开始行动。他把锅放到了煤气炉上面，准备加热。

岂料，煤气炉又开始针对他，和他捉起了迷藏：火焰经过了半分钟的苦苦挣扎，最后毫无征兆地又熄灭了。

煤气炉的火焰在阿尔唐非常细心的，一刻不停的照顾下总是燃烧不久就又再次地熄灭，终是毫无收获。

阿尔唐无奈极了，于是不得不再次向朋友们请求帮助，"亲爱的巴尔比根和尼柯尔，是不是可以想办法使这倔强燃烧的煤气火焰遵照物理学的原理和煤气公司的规章制度。"

尼柯尔于是回答说到："煤气火焰的反应非常地正常呀！它这正是在依照物理学的原理。说到煤气公司……在我看来，如果重力失去作用，破产是它们的唯一选择。燃烧时产生的二氧化碳和水蒸气是不可燃的，这一点你是不会忘记吧。普通情况下，距离火焰比较近的地方是不会存在这些燃烧生成物的。这些生成物的高温使得它们的比重较轻，所以会在新鲜空气的排挤下，飘到上空去。但是此刻的燃烧生成物产生在失重的条件下，所以它会停留在火焰的附近，这就阻碍了新鲜空气的进入。所以煤气开始燃烧得一点也不旺盛，最后导致熄灭。利用不可燃的气体覆盖火焰正是灭火器的作用。"

阿尔唐忍不住抢着说道："依你之见，消防队岂不是在失重的星球上就没有了作用。燃烧的火焰都会自己熄灭，对不对？"

"没错，就是这样的。但此时我们可以有办法，当你再次点燃火焰的时候，不断的向火焰里吹气。煤气会在人工的条件下同在地球上一样地燃烧。"

这个方法于是被使用了。再次点燃煤气后，阿尔唐开始做早餐，他看着尼柯尔和巴尔比根两人相互地向火焰吹着新鲜空气，似乎感到有些好笑。阿尔唐心里这样想着，都是他的伙伴们和他们的科学惹出了这些麻烦。

于是阿尔唐略带讽刺的口吻说道："工厂里的烟囱所起的作用就和你们现在一样，我的科学家伙伴，我真的为你感到惋惜，但是除此之外再没有别的办法让我们吃到热气腾腾的早餐了。"

可是锅里的水在经过了一个多小时的加热后，居然没有要开的征兆。

"阿尔唐，你一定要学会忍耐。你知道为什么水在有重量的时候会很快地被烧开吗？这是因为水一直都在锅里做着对流运动：接触锅底的水被加热后比重变轻，会主动浮向上面，到最后所有锅里的水都会被加热到很高的温度。在锅的上面给水加热的事情不知你是否做过？这样被烧热的水就不会对流到下面，只会停留在上面。水的传热作用非常小，上层的被加热到100℃时，下层的水很可能还是0℃。在此刻的失重情况下，水不管怎样被加热，都不会在锅里发生对流，因此温度升得很慢。你可以通过不断的搅拌来加速水温的升高。"

阿尔唐还被告知，水不要加热到100℃，而应当略低于100℃。100℃的水会产生很多的水蒸气，它由于和水有着相同的比重，所以会和水不宜分开，形成比例均匀的泡沫。

紧接着捣乱的是豌豆。豌豆再被阿尔唐用手扒了一下后，在车厢里四散地飞来飞去，撞到墙壁还会弹回来。一场大祸险些被这些飞来飞去的豌豆造就：其中的一颗豌豆飞进了尼柯尔的口中，导致他咳嗽不断，差点把他噎死。箱体里的所有伙伴们都很热心，使用阿尔唐准备到月球捕捉蝴蝶的网子，来扑捉这些飞豆，这样既消除了危险，又清洁了空气。

如此环境下，做饭真是太困难了。阿尔唐毫不怀疑的说，在这样的条件下，即使是再有本领的厨师，也会束手无策，这真是所言不虚啊。这样的混乱场景，同样发生在煎牛排的时候：为了不使牛排被下面的油蒸气推离锅面，要保证它

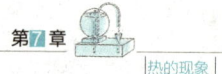

始终被叉子压牢才好。

在这个失重的世界，就是吃饭的时候也是怪相不断。漂浮在空中的伙伴们各有不同的姿态，非常好看，相互碰头的情况时有发生。他们根本不可能坐下来。在失重的环境下，诸如椅子、沙发、板凳等是根本没法使用的。就连桌子都是一样的，但是阿尔唐还是要坚持使用桌子。

做肉汤就非常困难了，但是比起吃肉汤那算是容易的了。总也没有办法把这些失重的肉汤分别盛在碗里。整整一个早晨，阿尔唐都在不停地忙碌着，他忽略了一点，肉汤是没有重量的，心中郁闷的他，坚持一定要把肉汤赶出锅外。最后把锅翻过面来，才使得肉汤以丸子的形状飞出来。假如要使得肉汤重新回到锅里面，阿尔唐就要有魔术家的手段才行。

想要用羹匙来喝汤，那就更不可能了：整个的羹匙都被打湿了连同手指在内。羹匙上被涂抹了油，防止湿润现象。但是并不乐观：羹匙里的肉汤变成了小球，用尽了各种办法都不能把失重的肉汤吃到嘴里。

这个问题最后被尼柯尔想办法解决了：伙伴们都用蜡纸做了吸管，才把肉汤喝到了嘴里。之后不论是喝水、喝酒或者别的什么东西，都要用这样的办法。

7.13 火为何会被水浇灭

这虽不是什么复杂的问题，可也时常得不到正确的回答，因此我们在这里要把水对火起到的作用再作一番简要的讲解，还希望我这多余的讲解能够得到读者的理解。

首先，燃烧的物体拥有很高的温度。水与它们接触后，会变成水蒸气，从而带走巨大的热量。水由冷却的程度被加热到100℃，再到变为水蒸气，两个阶段所需要的热量进行比较，后者大约是前者的5倍。

再者，由水变为水蒸气的时候，它的体积会相应地增加几百倍。燃烧的物体被这样大体积的蒸汽包围着，就无法和外面的空气相接触，自然就无法进行燃烧了。

我们有时候还把火药添加到水里面以增加它的灭火能力。这看似离奇的举动，但却并非没有道理：一股不可燃烧的气体会在火药的燃烧中被释放出来。燃烧的物体就会被这股气体包围住，使得燃烧不能继续进行。

7.14 用火去灭火的方法

用放火的方法来进行灭火，你或许听说过这样的事情，在与森林或者草原火灾斗争的方法中，这可能是最有效，也或许是唯一可行的办法。极易燃烧的事物都被这新的火海燃烧掉了，这样肆无忌惮的大火就会在迎面而来的新的火海里找不到可燃烧的物质。两堵相遇在一起彼此吞噬的火墙，就会因为没有了燃料而一同熄灭，如图 7-2。

图 7-2 用火将草原上的大火扑灭

第7章 热的现象

这样的灭火方法就曾经用来扑灭美洲草原上燃烧起的大火。在库帕所著的长篇小说《草原》里,相信很多人肯定都读过有关这件事情的描述。我们所有人都不会忘记这段使人感动的情节——草原上被大火困住的就要被烧死的旅客们被一位老猎人一个个地拯救出来。下面的几段话就是在这个长篇小说《草原》里摘录的:

一个果断的措施马上被老猎人实施了。

他说道:"是时候该采取行动了。"

米德里顿于是接道:"你已经来不及做任何的行动了,亲爱的老猎人,大火被这样恐怖的大风以这样吓人的速度向我们扑来,此刻离我们不到四分之一英里了。

是这样的吗,我是不会被它们吓到的。那么,快些动手吧,孩子们。赶快把我们面前的干草全部割掉,露出一片空地来。

就这样,一片20英尺见方的地面在不长的时间里被清理出来了。妇女们也在老猎人的吩咐下,把自己极易被火燃烧的衣服用被褥盖了起来,然后跟着老猎人来到了小空地的一边。这些前期的工作被老猎人做好以后,他又回到了空地的另一侧,在这里一堵高大威猛的火墙已经形成了,旅客们被围在其中。一束特别干的草被他点燃后放到了枪架上,干草立刻燃烧了起来。然后这束燃烧的干草被老猎人扔进了高树丛中,之后老猎人自己回到了空地中央,耐心等待行动结果。

有限的燃料被新起的火焰贪婪地吞噬着。

老人于是说道:"你们此刻是否看到我们如何利用火和火作对了。"

米德里顿大声地惊叫道:"我们岂不是危险程度增大了吗?敌人不但没有被你赶走,反倒被你引到身边来了。

被老猎人点着的这把火,火势见旺,它同时烧向了三个方向。由于燃料不足,它在第四个方向上没有燃烧起来。和用镰刀割出的空地相比较,这片被大火烧出的空地更加光秃。随着火焰的四散,他们刚刚清理出来的这片空地就会逐渐地增大,这样一来,旅客们的处境就会变得相对安全了。过了几分钟,大火向四下疯狂地散去，而包围着旅客们的只剩下了滚滚的浓烟，但此时，大家却已经脱离了危险。

老猎人这个特别的灭火方法被周围的旅客们以十分怪异的心情观看着，就好像哥伦布立鸡蛋那样被斐迪南王的大臣们看着时的心情是一样的。

用这样的方法与森林、草原大火作对，其实是有些复杂的。以火灭火的方法只有对经验丰富的人才可以使用，不然就会引火烧身。

下面的问题假如你用心思考，就不难懂得为何只有经验丰富的人才可以做这样的事情。老猎人放的火为何是迎火而上，而不是烧向旅客的方向呢？我们一定要懂得旅客身边的大火是被大风吹过来的。老猎人放的火好像应当烧向旅客，而不是迎着大火烧去。否则旅客们就不能够逃离危险，而是被大火包围着烧死了。

如此这个老猎人还真的是有不可告人的秘密呢？

这其实就是个一般的物理学知识。迎着旅客们吹来的草原燃烧方向的风，会在火焰前面贴近火焰的地方，遇到反方向的气流吹过来。只是因为没有遇到火焰的草原上的新鲜空气会把被火焰加热后变轻的空气排挤到上方去。据此得出，这股气流一定会迎着火焰吹过去。我们放火的时机就是要在这个气流正要吹向火海的那一时间。老猎人并不着急点火，耐心等待的正是这一时机。假如他过早的点燃这个火焰，那么火焰就会向旅客方向燃烧过来，使人们处在更加危险的境地。但是火焰离人太近时再动手也是来不及的，人也会被烧死。

 ## 用沸水烧水行不行

把一个装满水的普通小玻璃瓶或者药瓶，放在一个正被火烧的清水锅里。用一个铁环吊着小瓶，使它不至于接触到锅底。小瓶里的水会不会跟着锅里的水一样被烧开而沸腾。这个结果是你无论多久都等不到的：瓶中的水是不会达到沸腾

的，无论它有多么高的温度。把水烧至沸腾所需的能量是沸水所不能提供的。

人们想不到的结果却也往往是意料之中的事情。只是把水加热到100℃是不可以使它沸腾的，还要有更大的能量使它可以由液态变为气态。

而沸腾后的纯水只有100℃。它的温度是不会在相同加热条件下再次升高的。换句话说，小瓶里的水只能被加热到100℃，因为它只有100℃的热源。100℃的温度一旦达到，锅里就再没有多余的热量供给到小瓶里了。

所以，小瓶的水被用这样的方法加热，根本得不到转变成蒸汽所需的附加热量——潜热，500卡的热能才可以使1克100℃的水转变为蒸汽。

问题是：锅里的水和小瓶里的水有何不同之处呢？同样是水，只是和小瓶里的隔了一层玻璃而已，为什么外面的火就不可以把小瓶里的水加热至沸腾呢？

这是因为小瓶里的水和锅里的水被小瓶的玻璃阻隔开来，它们两者就无法产生对流。带有巨大热能的锅底可以和锅里的水分子相接处，但是小瓶里的水只可以接触到沸水。

因此，水是不能被沸水烧至沸腾的。但是假如有一把盐散入锅里，就会产生不同的情况。因为盐水的沸点要高出100℃，所以小瓶里的纯水会被它加热至沸腾。

7.16 雪可不可以把水烧至沸腾

读者也许会有这样的回答："水不可以被沸水加热至沸腾的，换成用雪来加热更不可能了。"等我们做完实验再回答，就用我们刚刚用过的小玻璃瓶就可以了。

把半瓶水装在瓶子里，然后放在沸腾的盐水锅里。等到被加热至沸腾后，然后从锅里提出，紧接着把瓶口用一个事先准备好的瓶塞塞好。你可以此刻倒放好瓶子。等到瓶里的水停止沸腾后，再把它放入沸水——此时沸水再也不会把小瓶里的水加热至沸腾了。但此时如果把一些雪放入小瓶上，或者如图7-3那样，用冷水去浇它，你会发现小瓶里的水又再次沸腾了……沸水不能做到的程度，雪居然做到了。

人们更加感到奇怪的是，我们用自己的手去触摸这个小瓶，只是感到微热，并不很烫手。但是瓶子里的水再次沸腾是你亲眼看到的呀！

秘密在于此：小瓶里的蒸汽会在雪冷却瓶壁的情况下，被凝结成水滴。瓶里面水的压力因此而减小，因为瓶里面的空气在之前瓶子在被锅里的水加热至沸腾的时候都被赶了出去。水的沸点会在压力减小的情况下而有所降低。所以我们的手不会被之前看到的瓶里沸腾的水烫到。

蒸汽的突然降低可能会使瓶壁不厚的瓶子发生类似爆炸的情景。瓶子由于内部的压力小于外部的压力，而被外部的压力压破。这里爆炸这个词语可能不太合适。但是最好我们选用瓶底凸出的圆形烧瓶，以便凸出的瓶底来承受压力。

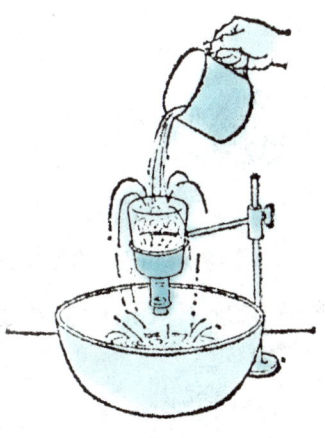

图7-3 把冰凉的水倒在烧瓶上，瓶子里的水沸腾了起来

图7-4 冷却白铁罐的过程中发生的意外

这个实验用装煤油或者植物油的洋铁箱来做是最安全的了。少许的水被装在这个箱子里烧沸，然后盖紧箱子的盖，再用冷水冲。这样一来箱子里的蒸汽变成水，从而使箱里大气压力减小，外面强大的空气压力就会把这个原本装满蒸汽的铁箱压瘪，就好像是用铁锤捶过一样，如图7-4所示。

7.17 气压计汤

《漫游国外记》的作者马克·吐温，曾在自己的著作里，对自己一次阿尔卑斯山的旅行做了详细的描述，这当然是一次虚构情节的旅行：

这次不愉快终于又被我们战胜了，因此安逸再次降临在人们的身上，此次远途征战的科学工作总算可以被我关注一下了。第一个要对我们所在地的高度进行测量，这可以利用气压计。但是居然没有什么结果，真的令人遗憾。科学书中曾经写到过，要么是温度计，要么是气压计，它们的读数只有经过加热才可以显示出来。我此刻不敢肯定到底是哪一个，两个仪器只能都被煮了试一试。

结果还是不可以测量。经过对两种仪器的测量，我发现它们全都被煮坏了。仅剩下一个铜指针在气压计上面，温度计原本盛满水银的小球，现在也只剩了一点点在晃动……

另一个没有使用过的，非常好的气压计又被我找了出来。它被我放到炊事员用来煮豆羹的瓦罐里加热了大约半小时。不同的结果终于出现在我的面前：再也不能使用这个仪器了，一股强烈的气压计气味弥漫在瓦罐里。菜单上汤的名字被我们这位聪明的炊事员换上了一另外一个名字。人们都非常喜欢这个全新的菜名，我于是不得不在每天做汤的时候命人去拿气压计。我并不心痛这些煮坏了的气压计。我是用它们来测量高度的，除此之外，别无它用。

图 7-5 马克·吐温在进行科学研究

我们先不要谈论里面的笑话，而是对这样一个问题作出回答：温度计和气压计我们到底该煮那一个？

应当是温度计。我们通过上面的实验就可以知道，水的沸点会随着水面压力的减小而降低。山顶上的气压减小了，所以水的沸点自然就降低了。其实，水在不同条件下的沸点我们都已经知道了。

水的沸点（℃）	101	100	98	96	94	92	90	88	86
气压（毫米汞柱）	787.7	760	707	657.5	611	567	525.5	487	450

713毫米是瑞士尼泊尔的平均气压，因此在没有封闭的容器里水的沸点是98℃。

而在气压是424毫米的欧洲勃朗峰上，水的沸点只有84.5℃。水的沸点会在每增高1千米的时候下降3℃。根据马克·吐温的说法，只需将温度计在水里煮一下，测出沸水的温度，再根据表格查一下，这地方的高度就可以得出来了。但这首先要把这样的一张表预备好，马克·吐温似乎没有想到这一点。

测高温度计是用作这个用途的仪器。大气的压强他可以直接就指出来，而不必被煮沸，大气的压强会随着我们的升高而减小。但是大气的压强随海拔高度的增加而减小的规律或者存在的计算关系等有关表格我们首先要弄清楚。这位搞笑的作家煮气压计汤的滑稽做法，正是由于没有弄清楚这一切造成的。

7.18 沸水的温度总是那样高吗？

读者只要是看过儒勒·凡尔纳的长篇小说《郝克特尔·雪尔瓦达克》的，对胆大的勤务兵宾·茹夫一定是不会陌生的。在宾·茹夫看来，所有地方的沸水温度都是一样的。但是这个想法，在他和他的司令官雪尔瓦达克机缘巧合地被抛到彗星上的时候，发生了改变。彗星的毫无定向的运动使得它和地球发生了碰撞，并且把地球上两位主人公待的地方撞了下来，连同他们一起带入了自己的轨道。此时勤务兵才发现自己经验上的错误，沸水并不是都有同样的温度。他在做早餐的时候不经意间发现了这个不同。

勤务兵把装满水的锅放到炉子上，然后准备好鸡蛋，等待着水温的升高。鸡蛋真的是没有什么分量，好像空的一样。

水经过了一分多的加热就沸腾了。

勤务兵大声喊道："怎么搞得，火为什么有这么大？"

他的司令官雪尔瓦达克思考了一会儿说道："火不可能是大了，而是水提前沸腾了。"

他于是拿了墙上的温度计测试水的温度，上面的显示是66℃。

司令官大喊："啊！这沸腾的水居然不是100℃，而是66℃！"

"司令，真的是这样吗？……"

"没错，士兵阁下，现在的鸡蛋必须煮够15分钟才熟。"

"它们难道不会发硬吗？"

"亲爱的，这是不会的，它们在15分钟是刚好被煮熟。"

大气压强减小，是这个现象的主要原因。如此小的大气压强，水的沸点当然不再是100℃，而变成了66℃。在11 000米的高山上似乎也会出现这类似的现象。如果有一个气压计此时在司令官的身边，他一定可以测出大气压强降低的事实。

我们完全可以相信，两位主人公所见的现象——水在66℃的时候就沸腾了。但是我真的无法相信，在这样稀薄的大气里生活，他们是否会感到不舒服。

对于儒勒·凡尔纳说的在11千米的高山上所发生这样的情况，是没有错误的。水在山顶的沸点的确是66℃。但是山顶的大气压强只有正常气压的$\frac{1}{4}$

，大约是190毫米水银柱。我们的呼吸在这样稀薄的空气里几乎无法进行。这已经是平流层的高度了。我们应当非常清楚，飞行员假如飞到这样的高度不带上氧气面罩，就会由于呼吸困难而失去知觉，但这居然没有影响到司令官和他的勤务兵。幸亏司令官那里没有气压计，不然儒勒·凡尔纳该不知如何写这个物理学原理的报告了。

假如司令官和他的勤务兵降落的地点没有被幻想成彗星，而是火星，它的上面大气压强只有60～70毫米的汞柱，那么那里会有更低的沸点温度——45℃。

和上面不同的是，在深矿井的底部，那里的大气压强比地面上高很多，所以沸腾的水会有很高的温度。当矿井300米深时，水的沸点是101℃。在600米深时，沸点是102℃。

蒸汽机的锅炉内压强非常高，所以水的沸点也就非常的高。例如水在14个大气压强下的沸点是200℃。相对的，在室温下，空气泵的罩子底下水的沸点是20℃。

如上所说，假如每升高1千米，水的沸点就要降低3℃，这样为了降至66℃，就要升高$\frac{34}{3}$≈11千米。

7.19 "烫手"的"冰"

温度低的沸水我们已经说过了。下面再来说一种更奇特的现象：高温的冰。冰是不能存在于摄氏零度之上的，这是我们习以为常的常识。但是我们通过物理学家布里治曼的研究得知：在零度以上的温度里，水是可以变为固体的，而且可以保持常态，只要有非常高的压力存在。同时，从布里治曼的研究还可得知，冰分好多种，并非一种。我们把在20600个大气压下得到的固体冰称为第五种冰，它的固体形态可以在76℃的温度里存在着。如果我们可以触摸到它的话，很有可能被烫伤。但这是不可能的，我们要用特种的钢制成的厚壁容器，在给予巨大的压力才可以制出这样的冰。因此，这种冰的特性我们只能通过非直接的方法获得，我们根本没有机会触摸它。

这是非常有意思的，第五种冰的比重居然是1.05，这是普通的冰甚至是水都无法达到的。它不会像普通冰那样漂浮在水的表面，而是要沉入水底。

 7.20 煤同样可以"取冷"

我们通常的取暖都是用煤，其实取冷同样可以用煤。用煤来取冷，通常是在干冰的制造工厂里。人们在这种工厂里通常是利用的煤被燃烧后产生的二氧化碳气体，他们把收集到烟道里的气体炼净后，再用碱性的溶液来吸收里面的二氧化碳气体。碱性溶液里的二氧化碳在经过加热就会被释放出来，然后经过在70个大气压条件下的压缩和冷却，把其变成液体状。用厚壁的筒子把这些液体的二氧化碳装好，然后等待被汽水厂和类似需要使用的工厂消费掉。土壤在它那样的温度下都会被冻成冰。在莫斯科修建地铁时，这个性质被利用过。其实固体的二氧化碳，又被称作干冰，还被利用在很多其他的方面。

我们使液体二氧化碳在低压条件下蒸发就可以得到固体二氧化碳，也称干冰。从外形来看，其实固体的二氧化碳更像是一块块被压紧的雪，这要比冰更加形象。在很多方面和冰相比，干冰还是很有自己的个性的。干冰的比重比水结成的冰要大，所以它不会在水面漂浮。干冰的温度极低，竟然达到零下78℃，但是假如把一小块干冰放到你的手里，它不会令你感觉到冷——这主要是因为我们的皮肤会在接触到它的同时，被它释放的二氧化碳气保护。冻伤手指的危险只是发生在干冰被我们紧紧握住的时候。

这种固体二氧化碳的性质很容易的被干冰这个词解释清楚。四周的所有东西都不会被它的任何形态润湿。经过高温它会直接就变成气体，而没有液体形态——在一个大气压下是不可能存在液体的二氧化碳的。

二氧化碳的这一特性，加上它特别低的温度使它成为了一种非常实用的冷却物，而且没有任何物可以替代它。食物假如由干冰来冷藏，不但特别干燥，而且还可以杀菌，因为霉菌和细菌等微生物的生长能力会被二氧化碳气抑制。在这种气体里，昆虫和啮齿类动物都没法生活。还有，干冰还是很好的防火剂。燃烧的汽油里放上几块干冰，火就会被熄灭。在工业和我们的日常生活里都会广泛地用到干冰。

小鸭饮水

中国有这样的一种儿童玩具，名字叫做小鸭饮水，任谁见了都会觉得不可思议。把一杯水放到小鸭的面前，它就会把嘴伸到水里喝上一口水，然后在站立起来。时间不大，它还会再次把嘴伸到水里喝上一口，再次站立起来。小鸭饮水是个典型的免费发动机游戏（图7-6）。它的运动组成部分非常精巧，用一个玻璃管做成鸭身，小球连带着扁嘴被放在玻璃管的一端做鸭头。一个稍大一些的封闭玻璃球里面装有液体，连接在玻璃管的另一端，玻璃管的下端还深入了液体里面。

鸭头只要被水打湿，小鸭就会发生运动。在鸭头被打湿的开始一段时间，重量还是没有下面的玻璃球和里面的液体重，所以小鸭仍会保持直立的姿态。注意看它下面发生的变化。小球里面的液体会慢慢的沿着玻璃管向上走。上部的重量渐渐增加，当上端充满了液体后，小鸭就会俯下身子把嘴伸到杯子里。等到小鸭的身体到达水平位置，玻璃管内的液体会随着下端的管口离开水面而流回下端的玻璃球。小鸭的下面重新变重，小鸭便

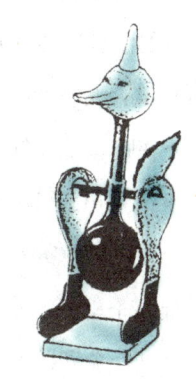

图7-6 小鸭模型

143

会重新站立起来（图7-7）。这个游戏的力学作用我们这会儿应当明白了：重心会随着液体的升降而发生变化。但是到底是什么样的力使液体上升到玻璃管上端的呢？

装在下端玻璃球里的液体是醚。在室温下的醚极易蒸发，随着温度的改变，醚的饱和蒸汽产生的压力，也会发生强烈的变化。

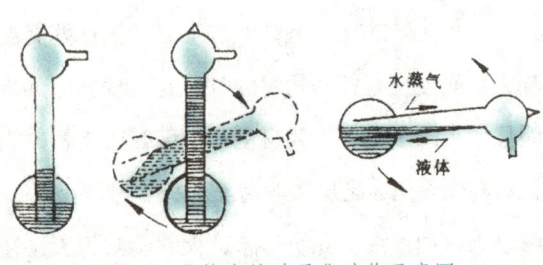

图7-7 "饮水的鸭子"动作示意图

上部和下部的两个独立的醚蒸汽区存在于小鸭直立的时候。

一种奇特的性能存在于鸭子的头部：一旦小鸭的头部被水打湿，温度就会低于四周的环境温度。可以非常容易地做到这一点，只要选用多孔的材料来制作小鸭的头部就可以了，这样水分既有利于被吸收又有利于被蒸发。鸭头上面的温度会在水分蒸发的时候逐渐地降低，直到比下面的玻璃球和玻璃管里的温度低。于是头部的小玻璃球内部的醚蒸汽冷凝，压力随之下降。这样玻璃管里的液体就会在下面玻璃球里较大压力挤压下逐渐上升。小鸭的身体会在重心改变的情况下慢慢倾向于水平位置。在水平位置里，分别进行着两个独立的过程。一个是，小鸭的头部在深入水里的同时，上面的棉套子再次被打湿了。在一个就是，通过吸收周围环境的热量，上面蒸汽的温度稍有回升，经过上面两部分蒸汽的混合，压力逐渐一致，这样玻璃管里面的液体就会在自身重力作用下流回下端的大玻璃球。小鸭重新站立起来。

在鸭头上面的棉套子不断被打湿，又在空气湿度不高以确保再次蒸发的情况下，换句话说就是确保头部的温度可以降低下来，那么这个小鸭饮水的游戏就会永不停息的一直自由活动下去。如此说来，小鸭自由运动的能量来源于头部棉套子里面的水分蒸发吸收的周围环境的热量。这样明显的例子只是说明小鸭是个免费的发动机，但并非是什么永动机。

第 8 章

电与磁

第8章 电与磁

8.1 磁石与慈石

"慈石"表示的是一个慈爱的母亲对自己孩子的吸引，由此而衍生出了"磁石"一词，它表示的是磁石对铁的吸引。磁石的称呼同时还被欧亚大陆另一端的法国人沿用，这真的令人感到惊奇。"aimaant"在法语中的意思就是吸引和慈爱。

磁石被希腊人称作是"赫丘利石"，①这真是一个天真的叫法，因为磁石的吸引力真的是很小。假如磁石如此微弱的吸引力就让古希腊人那样的吃惊，那么当代冶炼工厂里使用的每次可以吸住几吨重的磁铁他们就不知如何称呼它了。天然的磁石自然不会有这样大的吸引力，这其实是铁心被四周的通电线圈磁化形成的电磁铁。可是从中起作用的磁性是这两种情况共有的性质。

磁只是对于铁才起作用的想法是错误的。例如镍、钴、锰、铂、金、银、铝等金属，它们同样受到磁力的吸引作用，只是这种吸引不如对铁的明显而已。但是像锌、铅、硫、铋等物质的性质就非常特别了，它们都对磁石的吸引具有反作用，被强大的磁力所排斥。

磁铁的吸引和排斥作用对液体和气体也有所表现，只是表现的都极其微弱；如果要对这些物体起到明显的吸引作用，磁铁的吸引力就要特别强大才行。就拿纯净的氧气举例来说，磁铁对它就有吸引作用，因为氧气有顺磁的性质。假如我们在电磁铁的两极中间放上装满氧气的肥皂泡，就会发现肥皂泡在磁铁两极磁力的吸引下变得伸长开来。把点燃的蜡烛放到磁铁两极的中央（图8-1），烛光的通常形状也会发生改变，明显地表现出对磁力的敏感性。

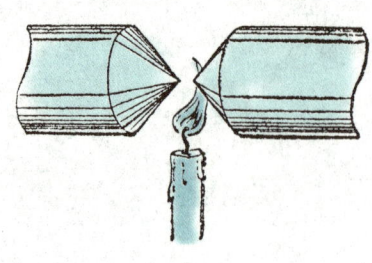

图8-1 在电磁铁的两极会出现烛光

---

①希腊神话中的一位大力士的名字就做赫丘利。

8.2 关于指南针的讨论

指南针的一端指向北方，另一端指向南方，这是我们公众普遍的想法。假如有人向我们提出以下问题，一种荒谬的感觉肯定会涌上我们的心头——指南针会在地球的哪个地点两端都指向北方？或者指南针在地球上的哪个地点两端都指向南方，一样令我们感到荒谬。

我们的地球上绝没有，也绝不会有这样的一个地点，这一定是我们不少人对这两个问题的回答。但是这个地点在地球上是确实存在的。

地理上的南北极和地球的磁极并没有完全重合，这一点是我们应当注意的。地球上的哪一个地点是问题的答案所指，你可能已经猜到了。指南针假如被放在地球的地理南极点上，请你回答他的两端会指向什么方向？附近的南极点当然是一端要指向的方向，和南极相反的方向是另一端的所指。但是以南极为出发点，不论向那个方向走，北方只能是你唯一的选择。因此指南针在那里两端都是指向北方的。

指南针的两端都指向南方的道理与上面的一样，只要把它放到地理的北极就可以了。

8.3 磁力线

这是一张很有意思的图画，它是按照相片描下来的（图8-2）：电磁铁的两极上横放着一个人的手臂，像钢毛一样的铁钉一簇簇的竖立在这个手臂之上。磁力对人的手臂是没有丝毫作用的，

图 8-2 磁力在手臂上穿行

它在人毫无知觉的情况下，极其隐蔽的穿过了人的手臂。但在磁力作用下的铁钉却是按照一定的顺序排列着，显得非常地顺从，像自一端走向另一端的以曲线运动的磁力线由此而显现在我们面前。

　　人类的身体器官对磁性是没有任何感觉的。因此我们也只能推断磁力是存在于每一块磁铁周围的。① 但是我们可以很容易的把磁力分布图显示出来，当然方法并非直接的。用铁屑来做这个实验是最好的了。把铁屑薄薄的撒在一张非常平的厚纸或者玻璃板上面，然后在厚纸或是玻璃板的下面放一块平常的磁铁，然后通过轻敲厚纸或者玻璃板以此来震动上面的铁屑（图 8-3）。厚纸或者玻璃板是遮挡不了磁力作用的，磁铁的磁力就会渐渐使铁屑发生磁化。经过我们的抖动，被磁化的铁屑会渐渐和厚纸或者玻璃板产生距离，在磁力作用下的铁屑沿着磁针指向的方向轻松地调转位置，最终的排列方向就是磁力线的方向。隐藏的磁力线的分布就会清晰地显现在我们面前。这组弯曲复杂的线就是磁力作用的结果。铁屑会在磁铁的每一极散射开来，然后连接在中间，很多的长短弧线就会形成。每一块磁铁四周存在的不可见的情景，这情景同时也是物理学家心中一直在想象的，都被铁屑呈现在了我们面前。铁屑密集清晰的地方就是磁极所在的地方。相对的稀疏不清晰的地方就是远离磁极的地方。磁力线随着距离的缩短而增强，由此而被证实了。

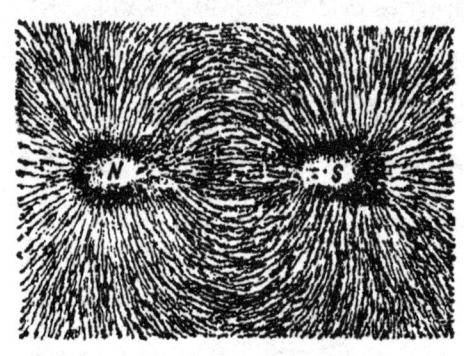

图 8-3 铁屑在纸上的分布情况。磁铁就放在纸的下面

---

①假如我们的身体器官可以对磁性进行感知，会有什么样的感觉，一定非常有意思。听说一只龙虾曾被人们成功地移植上一种磁性感觉。一个小石头被放进龙虾的耳朵里。龙虾的部分平衡身体的感觉纤维就会被小石头的重能影响。在靠近人耳朵的基础听官附近也有和这非常接近的小石头被叫做耳朵石。它们的作用方向是竖直的，重力的方向就可以被感知。龙虾被移植的是铁屑而不是小石头，龙虾并没有什么感觉。但是使它靠近一块磁铁，它就会落到一个平面之上，这个平面垂直于磁力和重力的合力。随后的这几年里，这个实验被应用到了人的身上，只是被改进了形式。一些小铁屑被放进了人耳朵鼓膜上，磁力就可以像声音一样被人们察觉到了。

8.4 钢如何被磁化

读者常常会提出这样的问题：钢在被磁化的前后有怎样的区别？我们可以把任何一个铁原子当作是一个小磁铁，无论这个铁原子是包含在被磁化的钢里，还是没有被磁化的钢里。所有的铁原子在没有被磁化的钢里，排列是没有次序的（图 8-4a），所以里面所有小磁铁的作用都在相互抵消。不同的是，那些小磁铁在磁化的钢里是排列非常整齐的，如图 8-4b 那样，向着同一方向的都是同性的。钢条被我们用磁铁摩擦的时候，情况会发生怎样的变化呢？钢条里面的所有小磁铁都会在磁铁的吸引力下转过身来，相同的磁极转向同一方向。这种情况可以用图 8-4c 清晰表现出来：开始时小磁铁的南极指向磁铁的北极。

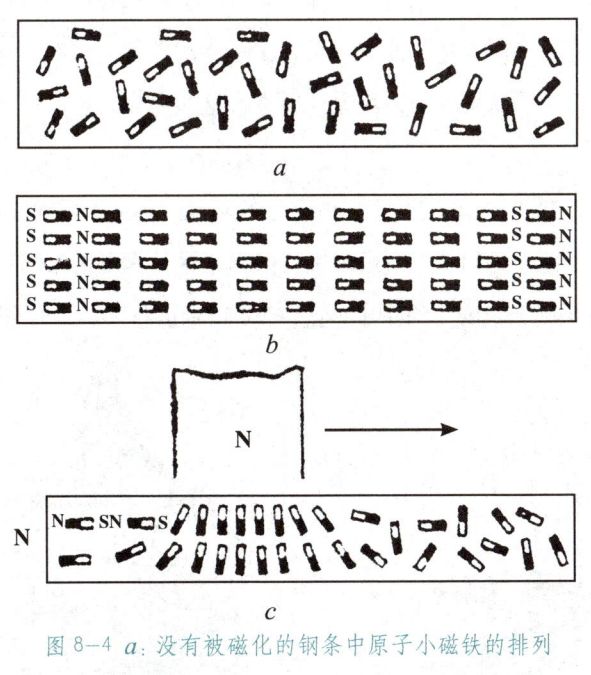

图 8-4 a：没有被磁化的钢条中原子小磁铁的排列

b：已经磁化了的钢条中原子小磁铁的排列

c：磁铁的磁极对钢条中原子小磁铁的作用

随着磁铁的移动，它们的南极会渐渐排列整齐并一同指磁极北极移动方向。

如何用磁铁来使钢条磁化，我们应当都很明白了：用力将磁铁的一极紧紧的压在钢条的一端，然后沿着一个方向摩擦移动。这种磁化方法是最简单和最古老的，但是只能用来制作引力微弱的磁铁。利用电流才可以制作出具有强大引力的磁铁。

8.5 电磁起重机

由电磁起重机搬运非常沉重的物体的情况，我们在冶金工厂里可以经常地看到。对铸钢厂和与此同类的工厂来说，电磁起重机在搬运铁块工作方面的贡献是非常巨大的。这种起重机对几十吨重的大铁块和机器零件进行搬运，省去了捆装，特别方便。假如用其他的搬运方法还要对铁片、铁丝、铁钉、废铁等各种铁料进行打包，非常麻烦，用电磁起重机这些工序就被省掉了，搬运起来非常的方便。

在图 8-5 和图 8-6 里，磁铁这种有效的功用被很好的展现在我们面前。一堆一堆的铁片被收集到一起然后再进行搬运不是件容易的事情，但是有了电磁起重机像图 8-5 那样使收集和搬运就可以同时进行了。简化了工作程序，

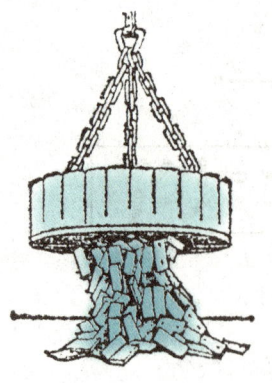
图 8-5 电磁起重机正在搬运铁片

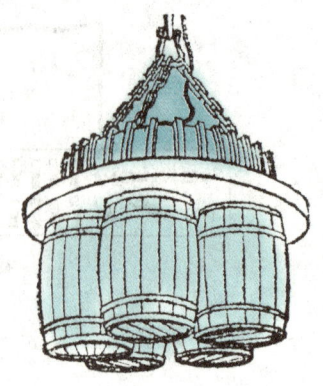
图 8-6 电磁起重机正在搬运整桶铁钉

节省了能量,就是它最大的优点。在图 8-6 中我们可以看到木桶里的铁钉在被电磁起重机进行搬运时,一次就可以搬运 5 桶!有 4 台电磁起重机前不久被一家冶炼工厂安装使用,10 根铁轨竟然可以一次被这起重机搬运。这样原本需要 200 多工人才可以完成的工作现在被这 4 台电磁起重机完成了。我们大可不必担心这些重物在起重机工作的时候会掉下来。电流只要仍然穿越在电磁铁的线圈里,它的下面就不会掉下任何的一块碎片来。就算是牢固的螺丝钉和铁条也比不上这看不见的磁力可靠。

但是假如出于特别的原因致使线圈断了电,大祸可是要降临了。以前就发生过这样的事情。我们看到的这则消息出于一本技术杂志:"在美国,有个工厂里正要向炼钢炉里投铁块,突然铁块从电磁起重机上掉了下来。这是由于尼亚加拉瀑布的断电事故造成了电源中断。工人被这从磁铁上掉下的硕大的金属块砸伤了。从此一个特别的装置被装在了电磁铁上,它既可以避免类似伤人事件的发生,同时也可以使电能消耗得到节约。在电磁铁提起被搬运物体的同时,这些被搬运的物体会被一旁落下的牢固的钢爪抓住,之后就相当于这个钢爪在抓着重物一样,这样在搬运的过程中电流就可以中断一会。

图 8-5 和图 8-6 中的两台直径 1.5 米的电磁起重机,16 000 千克的重物相当于一节货车的重量可以被它们轻松提起来。一台电磁起重机一昼夜可以轻松搬运 60 万千克的重物。整个机车的重量大约 75 000 千克,个别的起重机都能将其一下子就提起来。

有些读者在看了电磁起重机的工作情况之后,一定会产生出这样的想法:假如温度极高的铁块也可以使用这种电磁起重机来搬运,那将是非常方便的事情。但是这必须是在铁块的磁化温度范围内才可以做到,一旦超过了 800℃ 磁铁就会失去磁性。

用电磁铁移动钢、铁和铸铁的工件的方法已经被广泛地应用于现代金属加工技术领域。成百上千种卡盘、工作台和其他装置被人们制造了出来,这使得金属加工过程被很好的简化和加速了。

8.6 魔术磁铁

电磁铁有时候也会被魔术家应用,这种看不见的力量在他们的应用下,将会呈现出无比精彩的魔术节目,这其实并不难想象。有位法国魔术家演出时的情况曾被达里(名著《电学应用》的作者)谈及。对内容不清楚的观众,在看他的魔术时一定会怀疑有妖术作怪。

魔术的开场是:一个体积不大,箱盖上有提手,包了铁皮的箱子被放在台上面。在观众中,请上来一位力气大的人。有一个大力士应召上来了,他的身材不是很大,但是体格强健。他来到台上微笑着在我的身旁站立,态度略显带些开玩笑的意味,看得出他很有精神,而且信心十足。

我从头到脚看了他一遍,开口问道:"你有非常大的力气吗?"

他随口回答说:"没错"。

"你确定,你的力气一直都很大吗?"

"这一点我很有信心。"

"希望你是对的,但愿你待会儿,会使很大的力气,不会和一个小孩子一样软弱。"

大力士根本不相信我说过的话,轻蔑一笑。

我告诉他:"你可以过来提起这个箱子吗?"

那个箱子随手就被大力士提了起来,他于是感到非常骄傲,接着问:"其他的还要做什么?"

我说让他等一会。然后换了一副非常严肃的面孔,一只手打着命令手势,一边郑重地对大力士说道:"现在你的体格肯定还不如个女人,你可以再试一试提起这个箱子。"

我的魔术,在大力士看来并没有什么,所以他马上又去提箱子。但这次箱子好像被固定在哪里一样,任凭大力士怎样用力,它依然纹丝未动,它似乎表现出了对大力士的反抗力。即使是非常大的重量都可以被大力士这样的力气举起来，但是对于这个箱子却依然没有影响。大力士嘴里直喘着气，他被累坏了，不得不厚着脸皮走下了舞台。魔术的力量他从此再也不敢小瞧了。

这个魔术的秘密其实一点也不难。原来，这位法国的魔术家在表演这场魔术的时候，把一个超强的电磁铁磁极放到了这个箱子的下面。这个箱子在电磁铁没通电的时候，可以被轻松地提起；但是在电磁铁通了电流之后，想移动它就是再加上两三个人也是不可能的。

8.7 农业上的电磁除草

磁铁还有一种更有趣的用途：农作物中的杂草虫子可以通过它的帮助来剔除。杂草的种子之所以能够散布到远离植物母体非常远的地方，是因为它的上面有绒毛，动物在一旁走过就会被它粘住。农业技术就是利用了杂草这种几百万年来生存斗争的特点，除掉杂草的种子。磁铁被农业技术的专家们有效地利用，把农作物种子里的杂草种子挑选出来。把一些铁屑撒在混有杂草种子的农作物种子里，铁屑就会和杂草种子的绒毛粘在一起，但是它不会和农作物的光滑种子粘在一起。之后用一个力量足够大的电磁铁去吸引它们，这样粘有铁屑的杂草种子就会从混合物中吸出来。两种种子就自动被分离开。

8.8 靠磁力飞行的飞机

《月国史话》是法国作家西拉诺·德·别尔热拉克的一部风趣著作，我们

153

第8章

电与磁

在本书的第一节里就曾提到过。很多有趣的事情都曾在此书中被提起，特别是关于一种很有意思的飞机的故事。《月国史话》里的主人公就曾经乘着这种依靠磁力作动力的飞机飞向月球。下面的一段话就摘自此书：

  一辆不是很重的铁车被制造了出来。当我在铁车里安稳地坐好以后，一个磁铁球被我用力掷向了上空。它于是吸引着铁车一起上升。每当我接近磁铁球吸引我去的地方，这个磁铁球就会又一次地被我掷起。磁球有时候只是被我稍微的托高一点，它也会吸引着铁车和它接近。就在磁球被向上掷了很多次，它同时吸引了铁车很多次之后，于是就来到了月球上我降落的地方。铁车因为我手里紧紧握着的磁球，也紧紧地贴在我的身体上，而没有分开。为了安全降落，磁球被我以这样一种方式投掷着，在它减弱的磁力作用下，铁车不断地下降。在和月球的表面还有二三百俄丈距离[①]的时候，磁球被我投掷的方向是与降落方向垂直的方向，直到铁车和月球表面非常接近了，我就从铁车上跳了下来，舒适地落在了沙地上。

  小说的作者和读者都会深信一点，上段对飞机的描写是没有一点实际用处的。这种设计到底为何没有用处，我们很多人一定无法正确地说出来。原因是球不能被在铁车上投掷出去呢，还是铁车不能被磁球吸引住？

  这些都不对。球是可以被投掷出去的，而且假如磁球有足够大的磁力，铁车也是可以被吸引住的。即便如此，使这样的飞机向上移动一点也是不可能的。

  曾经有过非常重的东西，被你从小船上面投掷向岸边吗？假如有过，那么小船此时会退向小河的中心这一现象一定会被你注意到了，这应当是没有什么悬念的。一个物体在你的作用力推向一个方向的时候，它也同时会反作用于你自己的身体，使你向相反的方向运动。在此体现的就是动量守恒这一定律，我们之前曾不止一次的说过这个定律。这个定律在投掷球的时候同样会起作用。由于磁球对铁车的吸引，所以在磁球被坐在车里的人用很大的力气投掷的时候，用同样的力气反作用于铁车和这个人使之下沉也是避免不了的。它们同时会在

[①] 一俄丈折合约2.134米。

磁球对铁车的引力作用下相互接近而回到原来位置。所以不难看出，即便是铁车非常轻巧，投掷磁球的方法也不可能使它向着某一方向移动，只会使它以某一位置为中心做来回跳动的运动。

能量守恒的定律在 17 世纪中期的时候，还没有被人们所了解，因此我们不能不切实际地去要求这位法国科幻作家西拉诺，对自己这一逗人式的说法给出一个为何不能应用的道理。

 穆罕穆德的棺材

在用电磁起重机工作的时候，曾发生过一件非常有意思的事情。一条固定在地板上的带有一个重环的短铁链，被电磁铁吸引住了，但是重环由于铁链的作用又无法和磁铁发生接触，它们之间还留有一掌宽的缝隙。于是工人就看到了这样一种别致的现象：巨大的磁力使得一条铁链竖直地立在那里，哪怕是在上面爬上一个工人也不例外！①这个有趣的情况恰好被到来的摄影家拍摄了下来。这张和传说中穆罕默德的棺材一样的人像，我们在此处复印了过来（图 8-7）。

有关穆罕默德的棺材，我们在这里捎带要说一下。装有先知遗体的棺材是被悬在坟墓里的，上下根本没有任何支撑物，对此每一个伊斯兰教

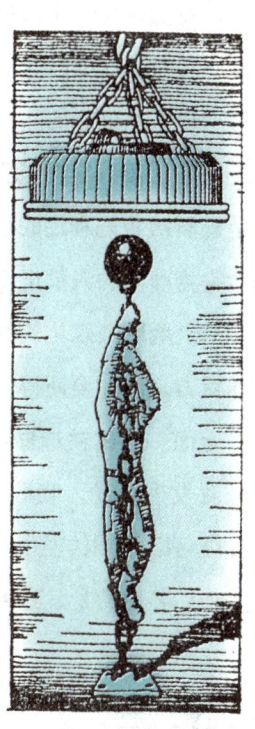

图 8-7 一条挂有重物的竖直铁链

---

① 由此我们可以看出这个磁铁的吸引力非常大，随着电极和被吸引物体的距离增大，磁铁的吸引力会逐渐的减小。假如有一磁铁和被吸引物体之间没有任何的隔阂，那么被吸引物体可以达到 100 克重，如果在这两者之间隔上一层纸，重量就要减半。这正是磁铁的两端为何不涂抹漆的原因，哪怕是漆有防腐的作用。

② 这是在 1774 年电磁铁还没有被发明的时候写的一段话。

徒都坚信不疑。

可能会有这样的事情发生吗？

在《有关各种物理学资料的书信集》里，作者欧拉就曾写道："据说有某种磁力在支撑着穆罕默德的棺材，这是很有可能的，因为100磅的重量是可以被人造磁力高举起来的。"②

这种说法没有依据的。即便是某一特定时期的平衡，可以用上面磁铁吸引的方法来得到。但是即使用非常小的推力，哪怕是空气的震荡都可以使它遭到破坏。而棺材此时要么被吸到天花板上，要么掉到地上。这就好比是要一个圆锥体倒立在顶点上，这样的竖直可能在理论上是可以办到的，但是实际上要它保持不动是不可能的。

但是，像穆罕默德棺材这样的现象的确是可以利用磁石制造出来的——只是磁石被我们利用的是相互间的排斥力，而不是相互间的吸引力。甚至是刚刚学完物理学的人都记不住磁铁间不只是相互的吸引，相同的磁极间还能相互排斥的。两块被磁化的铁假如被同性磁极上下相叠地放置，它们之间就会相互排斥对方。假如要使得上面的一块平稳地悬浮在下面一块的上空互不接触，只要给上面一块磁铁选择适当的重量就可以了。为了防止上面一块磁铁在平衡的位置发生转动，我们可以用些不能被磁化的材料，例如玻璃之类的，做围护柱就可以了。传说中的穆罕默德的棺材被悬浮在空中可能就是这种情况。

最后要说的是，这种现象还可以由在运动的物体被磁铁的引力影响产生。

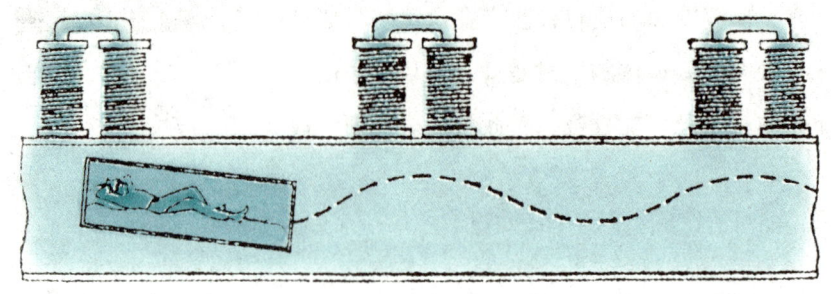

图 8-8 在魏恩贝格尔教授设计的电磁铁路上奔跑的火车，不会产生摩擦

没有摩擦力的电磁铁路就是人们利用这一原理的产物（图 8-8）。这样一个极富教育意义的设计让每一位物理学爱好者有所了解，是很有趣味的。

8.10 电磁铁路

车厢可以没有任何重量地行驶在一种电磁铁路上，因为它的重量被这种电磁铁的排斥力抵消掉。因此当你听到我说，这些车厢依据这个设想设计，它们的行驶不是在铁轨上，不是水上面，也不是空气里，而是在强大的磁力线上面，它们悬在上空，没有支撑和接触任何的东西，那你一定不会感到不可思议。摩擦力对于它们是没有影响的，因此进入运动状态后，它们可以不用机车来牵引，而凭借自己的惯性维持着一定速度向前行驶。

这样就可以实现这个设想。为了防止空气阻力对车厢的影响，我们把它的运动放到了一根抽成真空的管子里进行。我们用电磁铁的力量使它保持在空中，这样它运动时就可以不接触管子的内壁，如此就没有了它底部的摩擦力作用。我们可以在管子的外面，每隔一定的距离设置一个引力非常大的电磁铁，以保证以上计划的实施。这些铁制的车厢的运动会在电磁铁的作用下悬浮在空中。使铁制的车厢在管子里高速的行驶，而永远碰撞不到管子的壁，这一条件控制着磁铁引力的强弱。下面高速行驶的车厢在电磁铁引力的作用下，碰撞不到天花板，这是因为它自己的重力作用。下一个电磁铁会在它即将接触到地板的时候吸引过去……如此，在这个没有摩擦阻力和推动力的真空状态里，车厢会在电磁铁的作用下依着波形线运动，就好像行星运行在宇宙空间里。

那车厢会是怎样的呢？它是 90 厘米高，约 2.5 米长的圆筒车厢，貌似雪茄烟的形状。因为车厢的运动空间里是真空的，所以它本身必须是密闭的，里面安装有空气清洁装置，就像潜水艇一样。

和先前开动车厢的方法有所不同，这是一个全新的方法。发射炮弹就是对

它最好的比喻。其实这种车厢还真的是被电磁炮像发射炮弹一样发射出去的。我们正是根据螺旋管的导线在通电的时候会吸引铁心这一性质，而建造了发射车厢的车站。为了使铁心在极短的过程里获得极高的速度，我们必须使线圈特别长，电流特别大才好。在新式的悬浮铁路上正是在用这样的力来发射车厢的。车厢的速度在管子内部没有摩擦力的情况下不会减小。除非接到车站螺旋管的停止命令，否则它会一直以惯性高速行驶着。

下面的这些细节是设计人员所描述的：

直径32厘米的铜管是我开始的实验用料，把很多的电磁铁放到它的上面，下面的支架上是一个用铁管做成的小车，把轮子分别装在铁管的前后，再把一个鼻子装在铁管的前面，小车会在前面的鼻子撞到用沙袋顶住的木板时停下来。小车的整体重量只有10千克。时速可以达到6千米左右。因为有屋子和环形管（直径是6.5米）的面积局限等原因，所以这也是小车的最高速度。可是出站的螺旋管后来被我改到了3俄里长①，这样我的设计时速就可以轻松地达到800～1 000千米。小车在没有空气阻力和摩擦阻力的情况下行驶，能量不会有丝毫的损失。

虽然这会花很大的建造费用，尤其是铜管的费用，但是它每千米的费用也不过千分之几戈比到百分之几戈比，因为它省去了速度上的能量损耗，同时也省去了驾驶员和乘务员等。可是其中一昼夜双线的运输量，单单就上行或者下行来说，15 000人或者1 000万千克货物是没有问题的。

8.11 磁铁山的故事

一个在当时被人们盛传的有关磁铁山的故事，被古罗马的博物学家普林尼记

---

① 1俄里折合1.067千米。

载了下来，说有一个具有神奇力量的山坐落在印度的海边，任何铁制的东西都会被它吸引过去。所有有胆量把自己的船只靠近这座山的水手肯定会遭遇大难。船只上全部的铁钉和铁螺钉都会被这座山吸引过去，然后船被还原成一块块的木板。

《一千零一夜》后来收录了这个故事。

这其实不过是个故事而已。我们应当明白，现实中真的有许多磁铁山或者有丰富矿藏的磁矿山。可是它们的吸引力却非常小，小到可以忽略不计。在地球上根本找不到普林尼所记载的大山。

如今，我们并不是因为害怕被磁山吸引，使造船的部件不再用铁和钢，这主要是为了方便地磁的研究需要。

普林尼故事里的想法被科学小说家库尔特·拉斯维兹所利用，一种可怕的武器也被他想了出来。在他的小说《在两个星球上》中，火星人就是使用了这种武器来对付地球上的军队。这种酷似电磁铁的磁性武器被火星人利用，在开战之前就解除了地球居民的军队武装，根本就不用相互接触交战。

有关火星人和地球上的军队交战的情节，小说家作了这样的精彩描写：

向前冲上了一队勇猛出色的骑兵，迫使他们的飞船采取了新的行动，强大的敌人[1]似乎被我们军队奋不顾身的战斗意志吓得胆怯了。它们向高空飞行，似乎是要做逃跑的准备。

但是就在这个时候，一张铺得很宽的黑色东西在高空中落了下来，出现在战场的上空。这个黑色的东西的四周被飞船围绕着，就像一张被单在高空飘扬着，它在高空展开的速度很大。它很快遮住了骑兵第一联队，随后整个团都被它遮住了。它展示出了出人意料的、却非常奇怪的作用，惊人心魄的叫喊声从战场的方向飘过来。所有的刀剑和马枪都被这机器噼里啪啦地吸引了过去，并且被粘在了它的上面，就像乌云一般，而剩下了散落一地的骑士和马匹。

机器稍微向一旁移动了一点，所有的刀剑和马枪都被它扔在了地上。随后它又再次飞了回来，地面上所有的兵器几乎都被它吸走了。任何人都没能够在

[1] 指火星人

当时紧紧地抓住自己的刀枪不放手。

这是火星人发明的一种新式机器：所有的钢和铁制成的东西都会被它这种强大的力量吸引过去。正是这种磁铁使得火星人在高空中飞翔着就可以毫发无伤的夺取敌人手里的武器。

步兵也很快被这个黑网遮住。枪被这些步兵拼命地抓在手里，但也无济于事，它们还是被这无法抗拒的力量吸走了。好多不肯放手的人，一起被吸到空中去了。第一团在几分钟里就被没收了武器。这个机器飞向前方。城里正在行进的一个团也没有逃脱同样的命运。

再后来，同样的遭遇也落到炮队的身上。

8.12 磁力防御

磁力作用是不是我们就无法防御了，难道就没有一种磁力穿透不过去的东西可以遮挡它吗？这些问题一定会在读完上面的一段文字后，在我们的脑海里蹦出来。

这种情况是可以防御的。对付那个火星人的新发明，我们就要事先做好防御措施。原本非常容易被磁化的铁居然就是磁性不能穿透的，这真的令人不敢相信。但是罗盘被放到一个铁环里之后，它的指针就不会被环外面的磁铁吸引，这真是一个很好的例证。

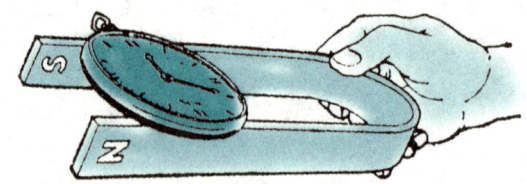

图 8-9 表里的钢制零件不被磁化的真正原因是什么

---

①这种游丝是专指用钢制成的，虽然镍铁的成分中也还有铁和镍，但是无法被磁化。

怀表的钢制品可以在铁环的保护下而不受磁力的影响。如果把一个磁力很大的蹄形磁铁靠近一块金表（图 8-9），那么第一个被磁化的会是摆轮上的游丝[①]，然后是所有的钢制零件，这块金表就会停止走动。金表即使是再次远离开磁铁，也不可能恢复走动了，因为钢制零件的磁性被保留了下来。表里的零件只有被换成新的，才能恢复走动。因此一定不要拿如此珍贵的金表来做这个实验，它会被损坏，让你得不偿失。

但是假如你的表有一个严密的铁壳或者钢壳，这个实验你就可以大胆地去做，钢和铁是不能被磁力穿透的。这种表的精度是不会受到任何磁力影响的，哪怕是把它靠近功率巨大的发电机线圈也没有关系。因此，钢制或者铁制的普通表才是一个电气技工最理想的表，因为金表和银表被磁化的速度很快，之后就再没有用处了。

永动机的磁力应用

磁铁曾经在人类梦想发明永动机的历史中扮演了很重要的角色。磁铁曾经被一些发明家，绞尽脑汁地用来制作可以不靠外力就能永远运动的机械，但是

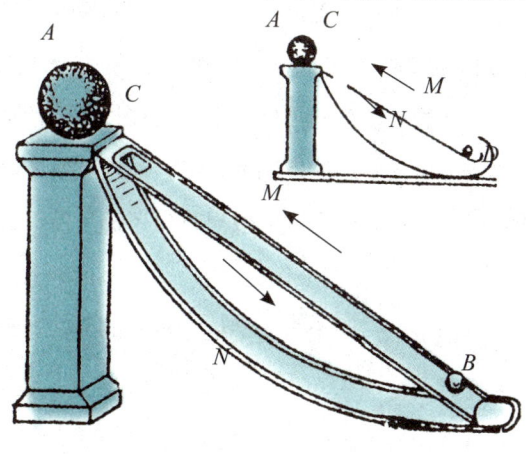

图 8-10 想象出来的"永动机"

没有成功。17世纪的英国人约翰·威尔金斯,他也是捷斯特城的主教,就曾设计过一个永动机,我们下边来介绍一下。

一个具有很大磁力的磁铁 A 被放在一根小柱上,如图 8-10 所示。小柱的一旁迭放着两个倾斜的木槽 M 和 N。小孔 C 被打在上槽 M 的顶端,槽 N 是弯曲在下面的。发明家是这样想的,假如把一个铁制的小球 B 放到 M 上,它就会在磁铁 A 的引力作用下向上运动;它会通过小孔 C 滚到下槽 N 上,然后向下滚动;最后在通过 D 处绕弯转到上槽 M 上来。然后磁铁 A 会再次地吸引小球 B,滚到上面,通过小孔落到下槽 N,滚到下面通过转弯又回到上槽 M,如此往复运动。这样一来,小球就会一刻不停地做永久性的前后运动。

这个发明荒谬在什么地方呢?

可以很容易的指出来。铁制的小球为何被发明家认为滚到 N 槽的下端,然后仍会有一种速度绕过弯曲 D 再次滚槽 M 上来呢?如果小球的滚动只是因为重力的作用,那么它的重力加速度会使得它轻松地绕过转弯而向上走。但是此时小球的运动是重力和磁力共同作用的。而且小球被迫在位置 B 上升到 C,说明磁力是非常大的。因此小球沿着 N 槽向下滚动的时候应当是减速的,而不是加速运动的;即便是它可以滚到 N 槽的下端,但是也不可能再有使自己绕过弯曲向上滚动的力量了。

这个设计不止一次地重复出现,而且每次的设计都会有所改动。但是就在 1878 年能量守恒定律被确立 30 年的时候,发生了一件让人听得奇怪的事情,这种被改动的设计居然在德国被授予了专利权!磁力永动机毫无依据的荒谬观念,居然被这位发明家高超的掩饰过去了,就连颁发专利特许证的技术委员会都被他给蒙骗了。这次发明专利的取得打破了颁发特许证的章程——与自然规律相抵触的发明不予颁发专利证书。但是这个幸运的人马上就被自己的创造丧失了信心,虽然他是唯一一个有永动机专利权的人。这令人笑掉大牙的专利在两年后因停缴专利费后而失去了法律效力,变成了大家共有的财产,可是没有人需要它。

8.14 给书充电

一些老书籍是非常陈旧的,即便是你再细心地翻阅,也会造成书页的损坏,而翻阅这些书籍在博物馆的实际工作中又是非常必要的。我们该如何去翻阅这些书页呢?

在这种情形下,给这些书籍充电是一个很好的解决办法。相同的电荷使得相邻的书页间相互地排斥,书页间也就被没有破损地分开了。这样再用手去翻阅或者用厚实的纸去裱这些分开的书页就不存在什么困难了。

8.15 电不到的鸟儿

人接触到通电的电车电线或者有电的高压线,将是非常危险的,除了人之外还有就是比较大的动物也是如此。有关牛和马被掉下来的断电线电死的事情,我们经常听说。

图 8-11 鸟儿在电线上玩耍时,并不会触电

可是停留在电线上鸟儿为何可以安然无恙呢？在市区我们可以经常看到这样的情景。为了弄清楚鸟儿不被电流伤害的根源，我们应该先弄清当鸟儿落在电线之上时通过鸟儿身体的电流有多大。鸟儿两脚之间的电线和它们的身体就组成了并联电路，而后者的电阻要比前者大很多。所以电流在鸟儿的身体这个分路中是很小的，小至危害不到鸟儿身体的程度。但是，假如鸟儿在停到电线上之后，它的其他部位，例如翅膀、尾巴或者嘴，在接触到电线杆子时，就会形成和地的连接，它就会马上被通过身体流入地里的强大电流电死。

图 8-12 高压电线托架上的鸟类绝缘架

我们可能经常看到这样的事情。

停在高压电线横臂上的鸟儿，常常有在带电流的电线上磨嘴的习惯。停在上面的鸟由于电线横臂没有绝缘，就和地面构成了串联电路。所以一旦有电流通过这根电线，鸟儿就逃不脱被电死的命运，曾不止一次的发生类似的事情。为此，就拿德国来说，他们为了避免鸟类的触电死亡已经实施了独特的防范措施。为了保护鸟儿，带绝缘的架子被他们安装在高压线的横臂上，鸟儿不但可以在上面停留，就是在电线上磨嘴也没有了危险。也有一些特别的装置被装在危险的地方，受它们的保护，鸟儿就接触不到危险了。

如今的高压电线网在每一年里都会发生很大的变化，对飞禽的保护，避免它们的触电死亡，对林业和农业的发展也是有益无害的。

8.16 闪电下的景致

有一种特别的情景你或许在打雷下雨的夜晚,刹那间消失的电光中看到过。想象一下,突然袭来的雷阵雨把你困在了一个年代久远的都市大街上。你一定可以在刹那间消失的闪电中见到:街面上刚刚还非常活跃的一切,似乎瞬间被凝固了一样。腿被悬在空中,还处在跑步姿态的马就停住了;除此之外,静止的还有车辆,我们甚至可以看清楚车轮上的所有辐条……

因为闪电的持续时间极其短暂,所以出现了貌似一切停住的现象。和其他的电火花相同,我们根本不可能用普通的方法测量出闪电一闪的时间长短。闪电每次持续的时间通常只有千分之一秒,①这是用间接的办法测量出来的。人的眼睛在如此短暂的时间里,是察觉不出物体位置变化的。因此,闪电下原本热闹的街道好像一下子变成了静止的,这是件十分正常的事情:那可是我们在千分之一秒内凭借闪电光看到的物体移动呀!即便是高速行驶的汽车,它轮子上的辐条在如此短的时间也不过移动几万分之一毫米呀!在人眼看来这样的运动和静止是一样的。也是因为和闪电持续的时间相比较,视觉效应留在人眼里的时间要长很多,静止的印象所以也会加剧。

8.17 闪电怎么买卖

当原来闪电被人们供作神灵的时候,这样的提问行为就是对神的亵渎。可

---

① 有时间持续到 1% 秒或者 1/10 秒等较长的闪电,也有的在同一痕迹上连续出现多道闪电,一个接一个,它们的持续时间会更长,甚至达到 1.5 秒。

是如今随着科技的发展，电能已经和其他的商品没有什么两样，也是能够测量和报价的。此时闪电买卖的提出，当然也是具有现实意义的事情。首先要对闪电放电消耗的能量进行计算，然后根据照明电的价格计算出闪电的价格，就是这道计算题的答案。

我们应当这样计算：最新的资料显示，50 000 000 伏特是闪电放电时的电压。估计电流大约是 200 000 安培。（顺便说一句，可以依据电流磁化铁心的程度来确定这个数字；线圈里的电流是打雷时通过避雷针接来的。）电功率就是伏特和安培两数字的乘积。放电的电压最后会变为零，这一点是值得注意的，因此我们应当用平均电压来计算闪电的电能，也就是，一半的最初电压。

由此得出算式为：

电功率 =（50 000 000 × 200 000）/2 = 5 000 000 000 000 瓦特 = 5 000 000 000 千瓦。

有如此多个零在得出的数值里，闪电的价格肯定不是个小数目，你也许会这样想。其实假如闪电的这些能量用电灯费通知单里使用的计算单位千瓦小时来表示，根本不是什么大数目。闪电在它持续的千分之一秒里耗费的电能只不过是 5 000 000 000 000/3 600 000 ≈ 1400 千瓦小时。每千瓦小时折合一度。假如每度电的单价是 0.2 元，我们可以很容易的计算出闪电的价格是：0.2 × 1400=280 元。

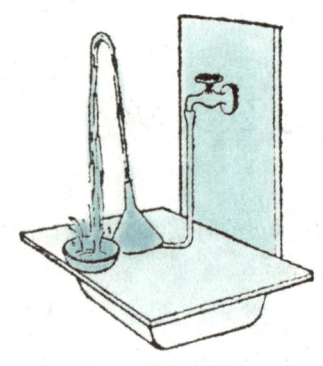

图 8-13 小型喷泉

这真是个令人惊讶的结果,只需 280 元钱就可以买到功率相当于炮弹 100 倍的闪电。

有意思的是,闪电已经可以被现代的电工技术制造出来了。只是和自然界的闪电比较,那我们人工制造的闪电还不是很大。

8.18 屋子里的喷泉

假如想把一个喷泉制作在屋子里,其实并不是一件难事。只需要把一个水桶放到高处,然后拿一根橡皮管用一头放入水桶即可;或者干脆用橡皮管的一端直接对上水龙头。但是为了使喷泉的出水口分散开来,橡皮管的出口要非常小才好。把一根去掉铅芯的铅笔杆套在橡皮管的一端,就可以达到目的,这个方法也很简单。如图 8-13 所示,把一个倒转的漏斗套在橡皮管的一端,会更加简洁。

让水流竖直向上喷发,高度达到半米左右;喷口的附近放一根被绒布擦拭过的火漆棒或者一把刚梳理过头发的硬橡胶梳子。一种非常奇特的景象马上展现在你的面前:喷泉喷出的几股小水流突然汇合在了一起,形成了一股大水流。

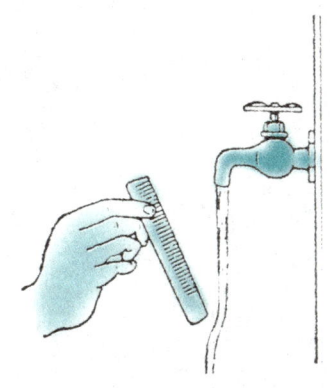

图 8-14 把带有电荷的梳子
靠近水流,水流会向梳子弯曲

用一个底盘放到下面迎接这股水流，它会发出和雷雨一般的巨大噪声。对于这一点，物理学家波艾斯就曾说过这样的一句话："正是这样的原因使得雷雨中的雨滴变得非常的大。"雷雨特有的巨大声响会随着火漆棒的离开而变得柔和，大股的水流也会变成原来的多股水流。

你使用的这根火漆棒在不知情的外人看来就像是一个魔术家使用的具有魔法的棒子一样。

我们可以这样解释喷泉在火漆棒作用下的奇特反应：事情是这样的，由于感应水滴会产生电流，水滴在面向火漆棒的部分产生的是正电，另一部分产生的是负电。既然如此，水滴里的正负电就会由于相互的吸引而紧靠在一起，从而形成一股大水流。

我们可以通过比这还要简便的方法就可以看到水流受静电作用的情景：一个刚梳过头的硬橡胶梳子被我们拿着，靠近一股细小的自来水流，水流此时就会变得紧密，而且有明显的向梳子一边弯曲的情况。相对于前一种现象的解释，这个现象要复杂许多：因为有表面张力跟随电荷作用同时作用在水流上。

第9章

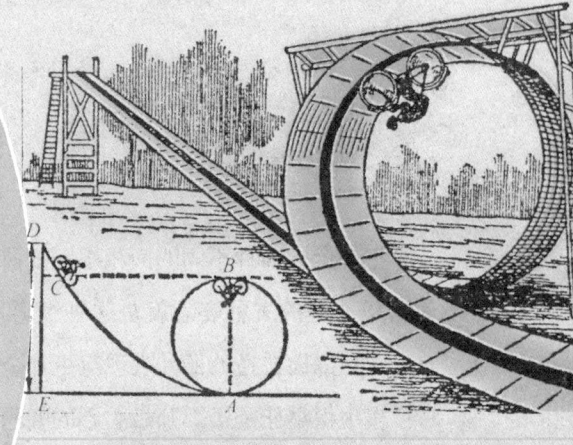

光的反射、折射、视觉效应

第9章 光的反射、折射、视觉效应

9.1 图像集合

把一个人多种不同的面相用一张照片拍摄出来，是摄影术里的一种方法。如图 9-1 里的五种姿态就是这种摄影术拍摄的结果。这种照片里人的突出优点一定可以比普通的照片表现得更加全面。我们都很清楚，如何能把人的面相特征表现得最佳是摄影师最关心的问题。这样一来，我们就可以在这一次拍摄

图 9-1 同一个人的五种姿势

到的多种面相里选择出这个人的最佳面相。

如何才可以拍摄出这样的照片呢？镜子其实就可以帮助我们做到这一点。如图 9-2，把两面竖直的平面镜 CC 放到照相人的面前，然后把照相机拿到照相人的背后对着镜子进行拍摄。两面镜子间的夹角应当是 72°，相当于 360° 的 $\frac{1}{5}$。这样我们就可以在照相机里看到被两面镜子折射出的四个人像，它的姿势各不相同。这四个折射的人像再加上真人的像就组成了一个五像照片。为了不使镜子被拍摄到照片上，最好使用没有镜框的平面镜。我们可以把两块幕

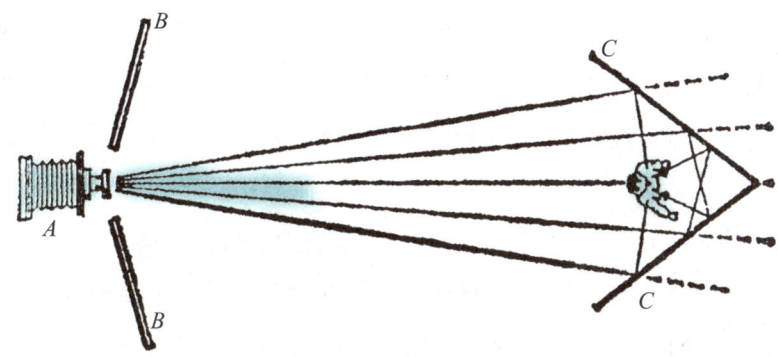

图 9-2 五像照片的拍摄方法。被摄影者坐在镜子 CC 前面

布 BB 放到照相机的前面,把镜头放在两块幕布的中间小缝隙中露出来,这样可以避免照相机被折射进镜子里。

两面镜子间的夹角直接影响着折射出的图像数目。夹角越小,射出的数目越多。当夹角是 $360°$ 的 $\frac{1}{4}$ 也就是 $90°$ 时,可以折射图像的数目是 4 个;当夹角是 $360°$ 的 $\frac{1}{6}$ 也就是 $60°$ 时,可以折射出图像的数目是 6 个。当夹角是 $45°$ 时,得到的数目是 8 个……但是图像的清晰度会随着数目的增多而降低,因此一般都限于拍摄 5 像照片。

9.2 对日光的利用

蒸汽机的锅炉如何利用日光来加热,这个想法非常令人感兴趣。我们可以首先做一个简单的计算。我们可以十分精准的测量出,在大气层外太阳的直射下,一平方厘米的地球表面每分钟吸收到的太阳光的能量,我们把它叫做太阳常数,它是固定不变的值。每分钟每平方厘米是 2 卡,这是太阳常数的整数部分。地球表面接收到的这部分热量根本到不了每分钟每平方厘米 2 卡;其中的半卡要被大气层吸收。1.4 卡大约是地球表面在阳光直射的情况下每分钟每平方厘米接收到的热量。折合成平方米,就是 1 分钟 14 000 卡,相当于 1 分钟 14 千卡，平均到 1 秒钟就是 $\frac{1}{4}$ 千卡左右。假如把一千卡的热能毫无损耗地转化为机器能，大约产生 427 千克米的功，这是我们都清楚的事情。所以每平方米地面被阳光竖直照射接收到的热量转化为能，大约是一秒钟 100 千克米或者 $1\frac{1}{3}$ 马力。

只有在最佳的条件下，也就是阳光必须是竖直照射在地面上，而且光能被毫无损耗的转化，太阳光才可以做这么多的功。但是，我们和这种最佳条件还相差很远，现有的光能转化就可以证明这一点。目前的正常效率是 5%～6%。15% 的效率是最近有几种效率较高的发动机才可以达到。

相对于动能的转化利用，对太阳辐射的热能利用就是非常容易了。例如现在对太阳能的应用最普及和效果明显的太阳能热水器，它为水加热的功能很好，夏季的水温甚至能达到 50℃～60℃，它可以为很多的场合提供各种用途的热水，如个人家庭、工厂或者浴室旅馆等单位的洗澡、洗衣、做饭等用水。生活在北纬 45 度至南纬 45 度之间的人们，他们每年可以受到大约 2 000 多个小时的阳光照射，所以这个构造简单，而且成本低的装置非常适合他们使用。目前全世界最少有几千万台的太阳能热水器在工作。

诸如像太阳灶——蒸煮食物用的；太阳能干燥器——晾晒农副产品用的，这些在广大的农村地区是很有发展前途的，尤其是在缺乏燃料的一些地区。

图 9-3 屋顶上的太阳能热水装置

太阳能在一些干旱的地区还被用来制作淡水，例如在沿海或者海岛地区，以及一些内陆缺乏淡水的地区。

此外，太阳能还被一些发达的地区，用作建筑中的采暖或者空气调节。

9.3 隐身帽

有一个关于隐身帽的故事被流传了下来，传说中谁带上了这顶隐身帽，就可以不被别人发现。这个古老的传说，被普希金在他的《鲁斯兰和留德米拉》一书中详细的叙述了一番，隐身帽的绝妙性质被他生动地描写出来。

留德米拉终于记了起来，
她此刻的心情是非常复杂的，
赤尔诺魔的帽子已经被她试着戴过了……
她把帽子调过来然后又调过去，
帽子一会被她遮在眉毛上，一会正戴，一会又歪戴，
最后又被倒过来戴。
这件奇怪的事情真的令人无法想象！
留德米拉忽然在镜子里看不到自己了；
帽子被倒过来了，
留德米拉就再次的出现在镜子里；
再倒回去——依旧会看不见；
把帽子摘下来——镜子里再次出现她的身影了！
"天呀！这个魔法师棒极了！
从此以后，在这里，我是安全的了……"

留德米拉的隐身能力是她不被俘虏的独一无二的护身符。她可以在极具效

率的隐身帽遮挡下躲避开卫兵的监管。卫兵们只能根据她的足迹来判断留德米拉是不是还在。

> 她的踪迹飘忽不定
>
> 我们可以在任意的时候看见她：
>
> 枝头上的成熟的果实
>
> 在喧嚣声中突然消失了，
>
> 或者在践踏的草地上
>
> 正落着一滴滴的泉水。
>
> 城堡里的人们都明白
>
> 此时留德米拉大概是在填饱自己的肚子了……
>
> 留德米拉在夜幕刚拉开的时候
>
> 就跳到瀑布里洗冷水澡了。
>
> 就连卡尔自己
>
> 都曾在宫里的早晨看到过
>
> 瀑布的浪花
>
> 有一只看不见的手把它拍得四下飞溅。

现实中的很多东西都是根据古代人极富想象力的幻想演变来的；现代的好些科学方面的财富也是由传说中的魔术演变来的。例如对高山进行穿越，对闪电实施捕捉，利用飞毯进行飞翔……

既然如此，我们是不是可以发明这样的隐身帽呢？也就是说，假如要使自己不被别人看到该怎么办呢？对于这个问题下面接着谈。

9.4 看不到的人

英国作家威尔斯的小说《隐身人》就把这样一个观念传递给了读者——我

们是可以实现隐身的。威尔斯把小说里的主要人物，写成了一个世界上独一无二的天才物理学家。人的身体可以在他发明的方法作用下使别人看不到。对于他的发明依据，他是这样对一位熟悉的医师说的：

"正是由于某件东西对光起作用，所以我们才可以看到它。物体对光线的作用要么吸收，要么反射，再就是折射，这些我们都知道。假如物体对光线没有任何的反应，既不吸收，也不反射和折射，那我们根本就看不到它。举例说明一下，有个不透明的红色箱子被我们看到，是因为一部分的光线被红色涂料吸收，另有一部分光线被折射的缘故。如果光线不是被吸收一部分，而是全部被反射回来，我们眼前的红箱子会变成一个夺目的白箱子，就好像是用银制成的。极少的光线被箱子吸收，其余的都被反射所以箱子才会发着耀眼的光芒。被反射的光线大都在箱子一些个别的地方，例如箱子的菱角的地方，它的面上一般反射的光线很少。这样箱子反光的部分外表被我们清楚地看到，就好似一副发光的骨架。和发着耀眼光芒的箱子不同，玻璃箱子的发光不多，我们的眼睛看不清楚它，这主要是因为，光线被玻璃箱子反射的和折射得不多。假如在水里或者比水密度还要大的液体里放上一块玻璃，它对透过水的光线折射和反射的程度很小，所以它不会被我们看到。我们看不到玻璃了，就像看不到空气中混杂的二氧化碳和氢气一样。"

医师坎普随即回答说："不错，很简单的一切，如今所有学生都知道。"

"所有的学生还都知道另外的一件事情。我们可以不费吹灰之力就可以看到空气中捣碎的玻璃粉——一种不透明的白色粉末。这是什么原因呢？这是由于被捣碎的玻璃表面增多了，被它们反射和折射的光线增多了。光线可以很好的通过玻璃的两个面，但是就捣碎的玻璃讲，光线会被它的许多面同时反射和折射，透过去的非常少。但是捣碎的白玻璃被放进水里，我们也会看不到的。它们两者的折射率是一样的，这就使得光线无论是通过其中的任何一方到达另一方，折射和反射的都会很少。

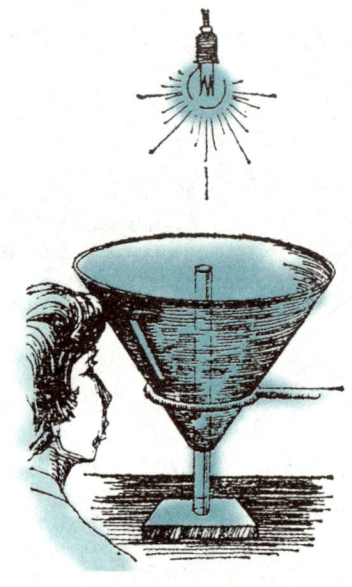

图 9-4 看不见的玻璃棒

无论在哪一种和玻璃折射率相近的液体里放入玻璃,玻璃都不会被我们发现的:只需把一个透明的物体放进一个和它折射率相同的液体里,我们就会看不到它。这一点被我们掌握了以后,我相信只要我们稍微转动脑筋,就可以把玻璃在空气中变得看不到了:想办法做和空气折射率一样的玻璃,这样透过空气射到玻璃身上的光就不再被反射和折射了。"坎普赶紧接着说道:"不错,是这样的,可是,我们要清楚,人和玻璃毕竟是有区别的呀!""你错了,和玻璃相比较,人是更透明的一个。""怎么可能!""这种说法是自然科学家说过的!你不会在这十年里把物理学忘干净了吧?例如,和玻璃粉发白而不透明的道理一样,用纤维制成的纸,它不会透光,而是发白。可是假如我们把油涂抹在是上面,纤维间的空隙就会被油填满,这样原本不透明的纸就会变得和玻璃一样透明,只会用表面反射和折射光了。具有这个特性的除了纸,还有像纤维布,纤维的毛织物,纤维的木材,人的骨骼和肌肉、毛发、指甲和神经……总的来讲,血液里的红色素和头发里的黑色素除外,所有人身体上东西的组成物质全都是无色透明的。因此可以很容易地让我们相互看不到对方!"

这种见解有个很有力的事实证据,有着白化病的动物,由于身体内缺乏色素,身上没有毛发,它就是非常透明的。有一只缺乏色素的白蛙,在 1934 年的夏季,被一位动物学家在儿童村里发现,人们曾这样描写它:"非常薄的皮肤,透光的肌肉组织;我们都可以看到它的内部器官和骨骼……就连这种蛙的心脏跳动和肠子的蠕动我们都可以透过腹壁清晰地看到。"

把人体的全部组织和体内的色素都变成透明的物质,被威尔斯的小说主人公发明了。这种物质被他成功地应用在自己的身体上。发明家自己变成了一个别人看不见的人了，实验取得了巨大的成功。

我们下面就来说说，这个被别人看不到的人之后的情景。

 9.5 隐身人的将来

一个隐身人的无比巨大的威力，被小说《隐身人》的作者威尔斯巧妙而无以伦比的证明了。所有的屋子他都可以随意地穿越，随意拿走任何东西他都没有后顾之忧。他是隐身的，自然也不会被捉到。他可以利用自己的隐身和整队的武装军人战斗而立于不败之地。其他不能隐身的人都要服从于隐身人的命令，因为他会用无法躲避的惩罚威胁其他的人。没有人可以捉到和伤害他，但是其他的人都有可能被他伤害。任何的自卫形式都无法防范隐形人的迫害，他终究会追赶上自己的敌人。在如此优越的地位上，于是在城中受到威胁的人们接到了来自隐形人的这样一道命令：

从即日起，本城脱离女王的管辖范围了。你们所有的团长、警察还有全城的百姓们听好了：我从此就是这个城市的统治者！新的世纪将从今天开始——隐形人统治的第一年第一天！隐形人一世就是我。我的统治在初期是不会多么苛刻的。为了给大家做个警示，我在今天就判处一个人的死刑。他的名字就是坎普。他的死期就是今天。虽然他有卫兵保护、还有铠甲护身，他还不出户地费尽心机地躲藏，但是他还是难逃一死，这无形的死亡是他逃脱不了的！我的子民们一定明白，尽管他用了各种措施保护自己，但是他终归死路一条！为了避免和他有着相同的命运，远离他，我的子民们。

隐身人在最初的战斗中一直没有失败过。但是后来大家终于找到了一个可

以与这个梦想做皇帝而别人看不见的敌人进行周旋的办法,这是经过所有受害居民共同努力想出来的。

9.6 透明的标本

物理学的推理在这本科幻小说里的应用是否可信呢?答案是完全可信。在一种透明的介质内,随意放上一个透明的物体,假如它们两个的折射率差距小于0.05,那我们就会在介质里看不到这个透明的物体。部分身体透明的标本和死动物的整具身体透明标本在这本小说《隐形人》出版后的十年,已经被人们制作成功了。我们可以在很多的博物馆里看到这样的标本。

我们可以简要地说一说这种透明标本的制作方法,首先漂白和洗净这些标本,然后再把它们在杨酸甲酯溶液这种折射程度很高的透明液体里浸泡。老鼠、鱼等标本经过如此加工,最后再次浸泡在装满杨酸甲酯的容器里。

标本在这里其实不必被做成百分百的透明,假如百分百的透明了,我们就会看不到这些标本了,就无法使这些标本应用于解剖了。可是假如一定要做成百分百透明的也是可以做到的。

但是我们要做到威尔斯的理想状态,做出百分百透明的活人,还是有很大差距的。在透明的液体里浸泡活人又不能使他的身体机能遭到破坏,这是我们第一个要解决的难题。再有就是我们还制不出来看不见的标本,我们制造的都是透明的。只有它的折射率和空气的折射率相等的时候,我们才会在空气中看不到它。我们还不知道如何才能够做到这一点。

即使我们在某一天做到了以上两点,实现了威尔斯的梦想,那么会不会有一些被隐身的战士和队伍被造就出来,他们可以隐身到达敌人的大后方,用我们想象不到的非同寻常的行动令敌军胆寒呢?

威尔斯对小说的情节事先做了周密的思考,所以他的小说会令你情不自禁地相信，真的就会有这样一个人类中最具威力的隐形人……但是这毕竟成不了事实。

有一个非常小的细节被聪明的威尔斯忽视了，我们下一节就会讲到这一点。

9.7 其他的人可以被隐形人看到吗？

如果这个问题在开始时就被威尔斯提出来，那他很有可能写不成这个令人充满想象的小说《隐形人》……

现实中，我们对具有强大威力的隐形人的幻想就是通过这一点破灭的。隐形人是看不到任何东西的，他会是个盲人。

小说里的人们为什么看不到主人公呢？这主要是因为他透明的身体各个部位的折射率已经和空气相同了，眼睛当然也被包括在内。

眼睛有着什么样的作用，我们细心地想一想。视网膜上的外界物体图像，是经过眼睛里晶状体、玻璃体和其他部分对光的折射造成的。但是如果眼睛的折射率和空气相同了，那对光的折射现象就无法发生了——光线的方向不会在两种折射率相同的介质里发生改变，汇聚在一点就更加不可能了。隐形人的眼睛在光线进入后既不会对光产生折射，也不会留住光（他的眼睛里的色素是不存在的），所以任何的图像都不可能产生在隐形人的眼睛里。

所以说，所有的东西都不会被隐形人发现。他没有在自己的优点里占到一丁点便宜。流浪街头，乞讨为生就是这个梦想做皇帝的人唯一的命运；但是人们又因为看不到他而又无法帮助他。进退两难，身世悲惨的废人将是这个隐形人最终的命运……

所以还是不要依照威尔斯的办法去找寻隐身帽，哪怕是可以没有任何阻碍地实现目标，我们最终的目的还是不能实现。

9.8 保护色

实现隐身帽的梦想还可以有其他的办法,就是把一些眼睛看不到的颜色涂抹在物体之上。在自然界中我们可以时常看到这种办法的应用:生物的保护色就是这样的。依靠保护色躲避敌人,保护自己,以求得生存的生物在自然界中有很多。

达尔文时期动物学家们所说的保护色或者掩护色,和现在士兵们说的自卫色是一回事。我们每走一步都会遇到生物界利用保护色自卫的例子,随便列举就有上千个。以轻微的"沙漠黄"作为自己特征是沙漠里大多数动物的共性。这种颜色在沙漠的物群当中颇具代表性的动物身上都可以看到,例如沙漠里的狮子、鸟、蜥蜴、蜘蛛、蠕虫……和这里不同的是,一层纯洁的白色被披在了生活在北方雪地的动物身上,在白雪的映衬下我们根本辨不出它们,例如可怕的北极熊和可人的海燕等。还有生活在树上和树的颜色十分接近的蝶蛾和毛虫,特别是毒蛾等。

昆虫因为有保护色,很不容易被发现,这是每个扑杀昆虫的人都知道的事情。我们可以试着去捕捉,在草地上吱吱叫的蚱蜢,在一片葱绿中,我们几乎看不到蚱蜢的影子。

这个问题同样存在于水生动物身上。我们很难在海藻中发现具有褐色保护色的海生动物。还有,海藻是红色的,生活在哪里的动物保护色当然也是红色的。同样起到保护作用的还有银色的鱼鳞,在鱼鳞的保护下,不但空中找寻它们的飞禽无法伤害到它们,就是水下大鱼也一时难以发现它们:除了在高处俯视水面像一面镜子外,就是在水下,特别是水的最深处向上看,它更像是一面镜子。在那透明无色的大洋深处,动物们的保护色也是全部透明的,这使得它们可以隐身不被看到，例如水母、蠕虫、虾类还有其他软体动物等。

人类的发明技能和自然界在保护色方面的应用相比较，还差很远呢！很多动物保护色的色调是可以根据四周的环境变化而变化的。银鼠的毛皮的颜色是可以随着融雪而变化的，这使得它的保护色一直有效，在各种背景下始终不被发现。所以这种小动物会在春天来临的时候，为自己换上一身红褐色的新毛皮，这和刚从雪地里露出的土壤的颜色是一致的。它们的毛皮会在冬天来临时再次变为白色，好似那雪白的冬衣。

9.9 颜色保护

保护色这种自然界里的生存艺术，被人类学会了，他们为了不使自己被敌人发现，尽量使自己的身体融合进四周的背景中去。一些色彩斑斓的军装之前曾是战场的宠儿，可是此刻再也不会用了：它们被具有保护作用的单一颜色所代替。为了和海洋的背景相融合不易被发现，军舰也被涂上了一层具有自我保护的灰色。

自我保护的颜色还被利用在战术的伪装中。为了给敌人的视线造成错觉，我们对防御工事、大炮、坦克、兵舰等都要进行伪装，还可以利用人造雾进行遮蔽。我们要用特别的网子来遮住兵营，再把一堆堆的草编在网孔上，士兵穿的衣服也要被染成草绿色的。

这种自我保护的颜色和伪装还普遍地被现代军用飞机所应用。

高空飞行的飞机是不容易发现地面上涂有保护颜色的飞机的。我们一般都把飞机涂成和地面颜色相匹配的褐色、暗绿色和紫色，使它们尽量融合进地面大背景下。

为了迷惑地面上人的视觉，我们一般都把和天空相近的浅蓝色、浅玫瑰色和白色涂在飞机的下面部分。飞机的外层被这些颜色涂得像小斑点一样。这些颜色会在 740 米的高空融入那不惹眼的大背景下。这样伪装的飞机在 3 000 米的高空飞行，我们是看不到的。执行夜间任务的轰炸机的保护颜色是黑色。

有一种保护色就像镜面一样，它可以对四周的景色进行反射，因此它适用于任何的环境。我们站在很远的地方几乎发现不了具有这种表面的物体，周围的颜色可以由它自动地获取。这样的方法就曾经被德国人在第一次世界大战的时候应用在齐柏林飞艇上。一种发光的铝被用在很多艘齐柏林飞艇的外表作伪装，天空和云彩都可以被它光滑的表面反射。它们在飞行的时候是不容易被发现的，只能听到它们发动机的声响。

因此，在自然界和军事技术领域里，民间故事中有关隐身帽的梦想已经被变成了现实。

9.10 人眼的水下视力

如果你可以不用闭眼而在水底潜游很久，那么是不是水中的一切我们都可以看到呢？

我们在水中看到的一切应当和在空气里同样的清晰，前提当然是水是透明的。但是，回过头来想一下在隐形人眼睛的折射率和空气相同的时候，他自己是看不到任何东西的。威尔斯所写的空气中隐形人的情况，和水中我们的情况是非常相似的。为了更加透彻地了解这一点，瞧一眼下面的数字。1.34是水的折射率，而人眼的组成部分的折射率分别是：

眼角膜和玻璃体折射率是1.34；

晶状体的折射率是1.43；

水状体的折射率是1.34。

对比得出，我们的眼睛，除了晶状体的折射率比水大0.1个百分点，其余都是相等的。因此人在水里是不容易看清任何东西的，因为光线在水中射到人的眼睛里，要在视网膜之后很远才可以聚焦，这样非常不清晰的图像就会显现在视网膜上。人在水底要想非常清晰的看到东西只有特别近视才行。

你只需带上一副高度的近视眼镜也就是双凹透镜，就可以体会到自己在水底看到的事物情景是怎样的。此时，你的眼前会是模糊的一片，因为光线被折射到眼睛里，然后聚焦在离视网膜很远的地方。

既然如此，在对光的折射能力非常大的眼镜帮助下，我们是不是可以在水下面看清一切呢？

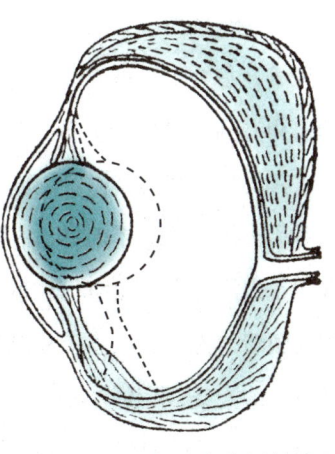

图 9-5 鱼眼睛的解剖图。它的晶状体呈球形在对光反射时只改变位置，不改变形状。如虚线所示

在这里普通眼镜的玻璃是不适用的：普通眼镜玻璃在水里的折射能力也不是太大，因为它们的折射率只是比水稍大一些，大概 1.5 左右。只有折射能力非常大的特质镜片才可以被应用，例如铅玻璃，它的折射率大约是 2。我们在水里通过这样的眼镜差不多就可以把水里的一切看清楚了。我们会在下一节讲到有关潜水镜的情况。

鱼为什么会有非常凸出的晶状体，这会儿该清楚原因了吧。就我们所知的所有动物的眼睛中，鱼眼的球状晶状体的折射率是最大的（图 9-5）。如若不然，鱼类的眼睛在折射能力如此强的透明环境里就形同虚设了。

9.11　潜水镜

在水下面穿着潜水服工作的潜水员为什么可以看清东西呢？不是说我们眼睛的折射率和水特别相近吗？相信很多的读者都会有这样的疑问。我们都清楚，

只有一块平玻璃而不是凸玻璃被装在潜水员的面具之上。再有就是水下世界的美丽风景,是否可以被几位乘坐儒勒·凡尔纳的"鹦鹉贝"的乘客,通过潜水艇的窗户看到呢?

这其实是个很容易回答的问题。知道这个问题的答案,第一个要清楚:我们只身潜入水底和戴了面具是有区别的,前者我们的眼睛直接和水发生了接触,后者和水之间是有一层空气和玻璃隔开的。所有情况就发生了本质的变化。后者进入眼睛的光线是经过了玻璃和空气才被射入的。依据光学原理,这些通过平板玻璃的光线,无论是来自水里的哪一个角度,它们的方向都不会发生改变。但是当进入眼睛的时候首先要经过空气,发生折射是必然的。眼睛在此时的作用和水上面是没有分别的。这就是我们对这个令人迷惑的问题进行解答的关节所在。对此很好的例证就是,鱼缸里游动的鱼可以被我们清楚地看到。

 水下的放大镜

不知道你是不是做过这样的实验:在水里放一个双凸透镜也就是放大镜,之后通过它看水里的物体。你肯定会对结果非常的惊讶:在水里的放大镜没有

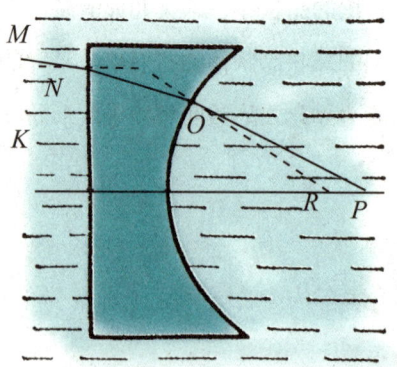

图 9-6 空心平面透镜是潜水者的专用镜。从 *MN* 射入的光线,顺着 *MNOP* 向前,在镜子内侧,它离法线比较远,在透视镜外,它离法线很近。因此,这种透视镜就好比一个聚透镜

了放大的作用！同样的一个双凹透镜也就是缩放镜被放到水里后，它的缩小功能同样会消失不见。假如不是用水来做这个实验，而用一种比玻璃的折射率大的液体，就会出现物体被双凸透镜缩小，被双凹透镜放大的奇怪现象。

光线折射的原理我们可以好好的回忆一下，它会使我们看淡眼前的一切。和空气的折射率相比较，玻璃的折射率要相对较大，所以物体在空气里会被凸透镜放大。但是和水的折射率比起来，二者就非常的接近了。因此水里的光线在进入玻璃时折射的偏角非常小，玻璃凸透镜在水里自然就不起作用了。这正是水里的放大镜为何比空气里的放大能力小的缘故了，缩小镜在水里的能力减弱也是这个原因。

放大镜在折射率比玻璃大的液体里，就会缩小物体，而缩小镜在在这样的液体里就会放大物体。在水里可以起到凹的放大，凸的缩小作用的是空心透镜，也就是空气透镜。这种空气透镜就是潜水员用的眼镜。

9.13 水变浅了

光的折射原理在水里可以引起一种不寻常的现象，一个游泳者如果是缺乏经验很容易被这种假象欺骗而吃亏：折射现象会使得他们看到的水里面的物体位置高于它们的本来位置，这一点是经验少的人不知道的。当人们用自己的眼睛看池塘、河流以及所有蓄水池的时候，它们的底部都会显得比真正的位置高大约$\frac{1}{3}$左右。这样的假象假如被人们当作事实的话，那将是十分危险的。对于孩子和身材矮小的人来说更应该谨记这一点，这有可能会发生生命危险，假如对水的深度估计不足。

图9-7 把勺子的一半放在水里，看起来就像折断了似的

图 9-8 硬币的杯中实验

这种假象的根源就是光的折射现象。我们可以认为，被浸在水里一半的茶匙看上去似乎变得弯曲了这个现象的光学定律，来解释水底面升高的现象（图 9-8）。

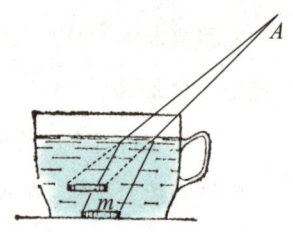

图 9-9 上一幅图中，硬币被抬高的原因

这个现象你完全可以在自己的桌子上来进行检验。

把一个盆放到桌子上，使它的盆底在四周围坐的同学们视线之外。然后把一枚硬币放到盆底上，它当然也会被盆壁挡在同学们的视线之外。在同学们的注视之下，我们开始向盆里慢慢地加水。奇怪的现象发生了：硬币跳进了同学们的视野。吸干盆里的水，盆底和硬币就再次地不见了（图 9-9）。

对这件事的原因进行说明：同学们眼睛里的水底 A 点，好像比真实的盆底 m 点，升高了。人的眼睛看到的从水里射入空气中的光线是经过折射的，而眼睛的聚焦点则是在这些线的延长线上面，这正是盆底 m 的上方。折射的角度越大，m 被提升地越高。十分平坦的湖底在我们站到小船上看时，会觉得小船的底部最深，离船越远湖底越浅，也是这个原理（图 9-10）。

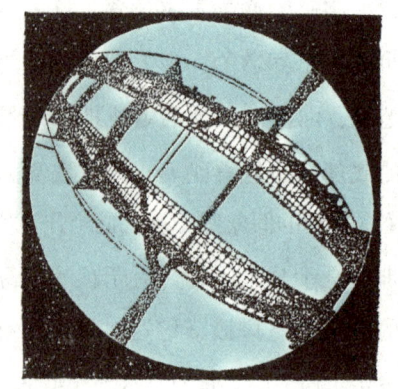

图 9-10 在水下观望横跨河面的铁道桥

因此我们看到的池底几乎都是凹型的。调换一下，水面上的小桥会变成凸型的，当我们在池底向上看的时候。图 9-11 这样的照片是如何拍摄的，以后我们再说。这样的结果之所以和之前看的湖底相反，是因为光线的进入途径不同造成的，前者是在折射率较大的介质（水）进入折射率较小的介质（空气），而后者正好相反。当鱼缸里的鱼看鱼缸前并排站着的人时，会觉得他们是以弧形站立的，而且弧形的凸面向着自己，也可以用上面的原理去解释。说到此，鱼到底是如何看东西的，或是换个更恰当的表达方法，假如有着和人一样的眼睛，它们是如何看东西的，后面我们会详细解说。

9.14 会隐身的别针

在一个圆形的软木板上，扎上一个别针，之后把软木板浮在水盆里，扎有别针的面向下。假使别针很长，而软木板又很小，我们的视线不会被软木板遮挡，但是不管我们在那个方向低头斜看，别针总是不会被发现（图 9-11）。

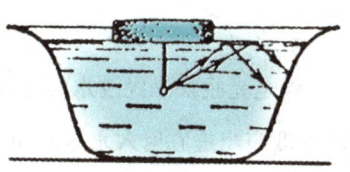

图 9-11 在实验中，我们看不到水里的别针

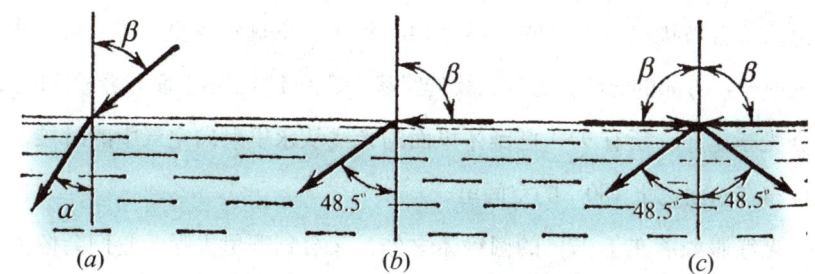

图 9-12 从水中射入空气的光线，发生的各种折射。中间的图中画的是，光线遇到水时与法线所成的角度就等于临界角。从水中射出的光线会顺着水面射出。第三幅图画的是全反射时的情形

187

我们的眼睛为何看不到从别针方向射来的光线呢?这是由物理学上称之为全反射的现象造成的。

为什么会出现这样的现象呢?

在图9-13中,光在折射率大小不等的两种介质里来回互射的两种截然不同路线图。从空气进入水的光线会和法线比较的接近。例如,光线从与法线夹角B的角度射入水里,之后就要以比B角度稍小的a的方向前进,如图9-13中第一幅图。

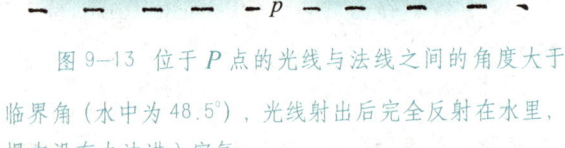

图9-13 位于P点的光线与法线之间的角度大于临界角(水中为48.5°),光线射出后完全反射在水里,根本没有办法进入空气

但是光线如果经过水面后从垂直法线的角度射过去,将发生什么情况呢?48.5度应当是它射入水里的角度,它和法线的夹角必然小于90度。这就是水的临界角度。我们必须要把这个并不复杂的关系搞明白了,才可能把以后出现的意想不到而又惊险刺激的折射原理弄清楚。

我们此刻明白了,水面之外任何的角度射进来的光线,再穿过水面到达水下之后都会被拢在一个顶角是48.5+48.5=97°的圆锥体里。再来看,从水中进入空气反方向的光线会有什么样的路线(图9-13)。和上面有着相同的线路,符合光学定律。所有97°圆锥体里面的光线从水里射向空气中的时候,会任意散布在水面之上180°的空间里。

光线假如落在了97°的圆锥体之外,又会到哪里去呢?它们会像镜子反射一样全部被水面反射回去,根本射不出水面。总的说来,光线假如在水面之下48.5°的临界角之外,会全部的被水面反射回去,而不是折射出去。这就是物理学家说过的"全反射"。

如果物理学被鱼类研究的话，全反射就是最为重点的章节，全反射的现象对它们在水下面的视觉有着极其重要的作用。

银白色是很多鱼共有的颜色，它们在水下面的视觉特征很有可能和这个有关。为了适应水面的颜色，所以鱼身的颜色才是银白色的，这当然只是动物学家的看法。水面对于水下的光线来说就像一面镜子，会对它们进行全反射，这就是在水下看的结果，我们前边已经说过了。在这个前提下，鱼的银白色就是自己躲避水下敌人的保护色。

9.15 在水下观察到的世界

很多人根本想象不出来，我们站在水底来看世界，它究竟会是怎样的情景：观察者眼睛里的世界会和原来的大相径庭。

我们可以想象一下，自己正站在水下，昂头看着水上面的大千世界。由于竖直方向的光线不会被折射，所以漂浮在你头顶上的云彩还会是原来的样子。但是其他的和水面成锐角方向的物体，我们看到的将是一个歪曲的形象。它们会依照光线和水面的夹角越小，被挤压得越严重这一原理，所在的位置越低，缩得越紧（图9-14）。我们应当给予理解：既然水面之下一个区区97°的圆锥就把水上的全部世界容纳其中，这相当于把180°压缩到一半左右，那么形象受些歪曲也就是必然的了。和水面夹角成10°的物体发出的光，经水面的折射，再到下面物体的形象我们几乎认不得了。但这还是次要的，水面自身的形状才是我们最惊讶的。平整的水面在水下看来，几乎成了一个圆锥形！你会看到自己正站在一个大漏斗的底部，大

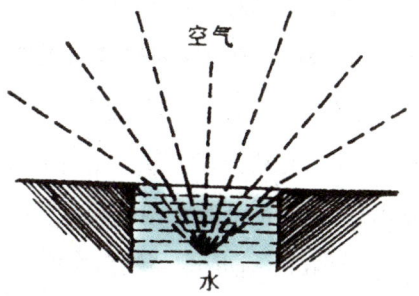

图9-14 水下望世界时进入眼中的光线折射路线图

漏斗两侧对壁的倾斜角度比直角略大一点，是97°。红、黄、兰、紫等颜色组成的光圈围绕在圆锥体的顶部。这是为什么呢？这是由于组成阳光的各种颜色，它们的折射率不同，临界角自然也是各有区别的。在水下面看到的水上面的物体四周都围绕着五彩光圈，也正是因为这个原因。

一个小小的圆锥体就把水外面全部的世界囊括在内了，可是这个圆锥体的两侧壁之外，都有些什么东西被我们看到呢？水下面的各类物体都会被它映射出来，它就好像是一面镜子一般的水面。

水上水下各有部分的物体，对水面之下观察的人来说形状是最奇特的。如果把一根测量水深度的标杆插入水里。此时假如观察者站在水下的A点，都会看到那些景象呢？首先对可以被他看到的区域——360°——进行划分，我们要对划分后的所有区域进行单独的研究。区域1，水的底部光线可以被他看到。区域2，标杆水下的部分可以毫无变形的被他看到。区域3，在全反射的条件下，标杆水下部分的倒影，可以被他看到。再向上走，标杆的水上部分也可以被观察者看到，可是上面的部分和下面的部分是分离开的，上面的部分被拔高了，完全脱离了下面的部分。由水下部分延长出的标杆上部，居然会和它下面的部分脱离开来，高悬到了空中，这是观

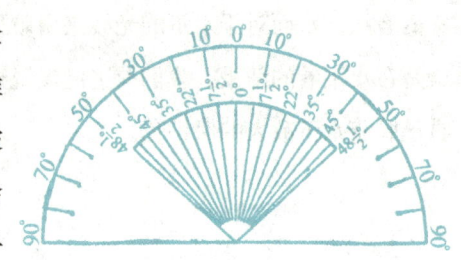

图9-15 在空气中呈180°的弧形，从水里进行观察时变为97°，与顶角（O）的距离越远的弧上部分缩小的程度就越大

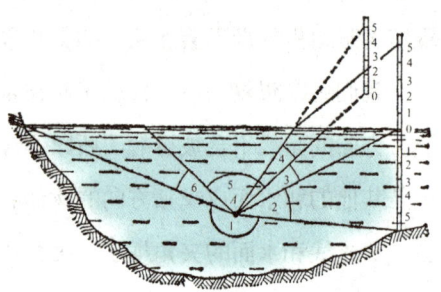

图9-16 在水下的A点观察时，看到的是有一半沉在水里的标杆。通过视野2可以看到标杆朦胧的影像。通过视野3可以看到标杆在水面上的映像，在它的高处看到的是水面上缩小了的标杆，与水下的部分距离很大。通过视野4看到的是河底的映像。通过视野5可以看到全部的水面，只不过是锥形的。通过视野6呈现在眼前的也是河底的映像。通过视野1看到的是河底朦胧的映像

察者无论如何也想不到的。标杆的悬空部分一定是被缩短了,尤其是下端,它那里标注的刻度已经很明显地挨近了。如图9-17所画的情景,就是我们在水下看到的河岸边被洪水淹没了大半的树木情景。

假如让一个人站在立标杆的地方,在水里看到的他的形象就像图9-18画的那样。水里的鱼看到的洗澡的人就会是这个样子的。它看到的景象是:人行走在浅水里的时候身体是两段的,好像是两个动物——一个只有上身和头,一个只有下身和四只脚!随着我们向远离鱼的方向走动,身体逐渐地走入水里,水上的部分也会越来越短,越是被压缩的严重。当我们走到一定的深度后,身体整个进入了水下——上面就会只剩下一颗高悬的人头……

我们可不可以直接的用实验来证实一下这些非同寻常的结论呢?即便是我们的眼睛可以在水下面睁开,但也看不见任何的东西。第一点,在水下面我们可以停留的时间非常短暂,水面根本不可能在这样短的时间里恢复平静,隔着震荡的水面,上面的物体更是不容易被看清楚。另外就是我们前面说过的,我们眼睛各组成部分的折射率和水的折

图9-17 在水观望被淹没了树干的大树(结合图9-16来观察比较)

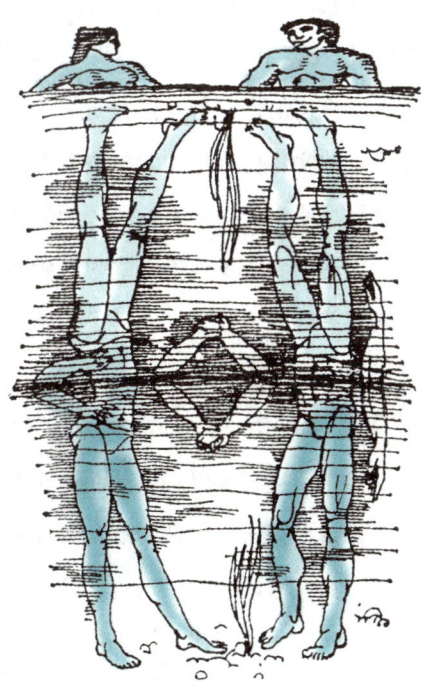

图9-18 一个人的胸部以下在水中时,从水底看到的情形(结合图9-16来观察比较)

射率十分的相近,周围一切事物在视网膜上的成像都非常模糊。我们要看的东西通过潜水钟、潜水帽还有潜水艇的窗户向外看,也根本看不到。

我们知道,观察者在这样的情况下,在水底看到的一切,不会是我们刚刚分析的那个样子。因为在隔着帽子向外看的时候,光线要首先穿过玻璃才可以到达我们眼睛里,所以它会受到相反的折射。这样光线就有可能恢复原来的方向,或者获得另一个方向,总之是和它们原本的锥形方向不一样的方向。所以我们上面分析的水下观察情况是不可能通过水下实验室的玻璃窗看到的。

其实我们大可不必亲身下水,去站在水里看上面的世界,这是没有必要的。水下观察的实验我们可以通过一个内部盛满水的独特的摄像机来做。镜头对这种摄像机是没有用处的,它被一个中间钻了孔的金属片替代了。

这其实不难理解,让水充满了摄像机的内部,包括光孔和感光底片之间也是如此,那么由它拍摄出的照片,应当和观察者站在水底看到的图像是一样的。很多有意思的照片都是通过这种方法拍摄的,如图9-10就是张这样的照片。水上面的物体在水下面的观察者看来为什么是歪曲的,就像照片上变成了弧形的铁路,我们在讲水池的池底为何被看成是凹型的时候已经解释过了。

要想看到水里观察者眼中看到的水上世界,还有一种非常简便的方法:在一池平静的水里放上一面镜子,把镜子的角度调整适当,水上面物体的景象就会映射在镜子上。

上面理论部分的好多细微方面的见解,都可以通过这种观察方法的结果去证实。

综上所述,仅仅一层薄而透明的水,把水下的眼睛和水上的世界给分割开了,这就使得水下眼睛中的世界变得压缩歪曲了,由此形成了一个奇特的弧形轮廓。站在水底的陆栖动物,透过那层薄薄的水面向上看原来的世界时,它已经发生了很大的变化,几乎都认不出来了。

9.16 水底颜色

水底颜色的变化过程,曾被美国的生物学家毕布特别形象地描写过。

当潜水球带着我们潜入水底的那一刻,意想不到的情况发生了,原本金黄色的世界消失了,现在呈现在我们面前的是一个碧绿的水下世界。我们透过潜水球的窗子,看完了浪花和泡沫后,此刻只剩下了四周的一片碧绿。所有的一切都被映成了绿色的,包括我们脸孔、瓶罐、就连那黑色的墙壁也没有例外。但是我们所在的水域,被甲板上面的人看来根本就是一片昏暗的浅青色。

像红色和橙色等这样的暖色光线,在我们沉入水底的那一刻就和我们的眼睛绝缘了。在这深深的水底,好像根本就没有出现过红色和橙色。没过多少时间,绿色又把黄色吸收掉了。在这三十多米的海洋深处,那些只在光谱上占有很小比例并且让人喜爱的暖色完全的消失了,寒冷、黑暗和死亡就是余下的全部一切。

就是这碧绿的颜色,伴随着我们潜入深度的增加而逐渐的变浅,等潜入到60米的时候,已经分不清水的颜色是蓝中含绿或是绿中含蓝了。

等潜入到180米的时候,一层发着光芒的深蓝色笼罩了四周的一切。在如此小的照明度的光线里,根本就不可能再读书写字了。

当潜入的深度达到300米时,我已经分不出水的颜色了,好像是黑蓝色或者深灰蓝色吧。但是可见光谱中紧挨着蓝色的紫色,在蓝色不见后并没有出现,它好像是被吸收掉了,这的确令人感到奇怪。最后不可捉摸的灰色总算替代了逐渐变淡的蓝色。可是黑色又渐渐把灰色取代了。在之前的二十万万年里黑色一直是这里的统治颜色,直到电光被人们带到这里。

对于这水底深处的黑暗,这位探险家也给出了另外的一段描写:

当我们还在750米深的时候，那里的黑暗简直是我们无法想象的，但是现在已达大约1 000米的深度，这里的黑暗根本无法形容了。如果它和水面上的深夜相比较，后者也不过是这里的黄昏而已。此时此地，我对于黑这个字的使用可以说是信心最坚定的时候。

9.17 眼睛看不到的地方

不知你是否会相信，可是我必须告诉你，在我们的正前方有那么一块地方，是我们根本看不到的。这怎么可能呢，难道我们一生之中如此长的时间，都不曾对我们视觉上的缺陷有所察觉吗？当一个并不复杂的实验被做完之后，就没有什么值得怀疑了。

图9-19 能够让人们发现盲点的图

闭上自己的左眼，在离自己右眼20厘米左右的地方，让自己的右眼盯紧图9-19左方的小叉，然后渐渐缩短眼睛和图之间的距离。如此缩短到一定程度的时候，在图9-19右上方的，两圆圈间的大黑点就会逃离出我们的视线！黑点两边的圆圈我们依旧看得到，说明黑点还在我们的可视范围内，但我们就是看不到它了。

马里奥特在1668年的时候，第一次做了这个实验，只是和我们讲的稍有些出入。他的实验是，让相距两米面对面站着的两个人，都用自己的一只眼睛看一旁的某点，他们居然都看不到对方的头。路易十四的大臣们当时对实验都十分地感到好奇兴奋。

人眼睛视网膜上的这个盲点在 17 世纪的时候才被人们发现，真的是很奇怪的事情，这是人们之前从来没有考虑过的。视觉神经在进入眼球的时候，尚未被分成包含感光细胞的细枝的地方就是人类视网膜的盲点所在。

我们长期以来已经习惯了这个盲点的存在，因此它才一直没有被我们察觉出来。这个盲点的缺陷会被我们丰富的想象力利用周围的背景细节悄无声息地修补好。例如在图 9-19 中，这个黑点虽然在我们的视线里消失了，但是它会被我们的想象力给弥补回来，两个圆交切的情形会被我们在这个地方想象出来。

你可以戴着眼镜来做这样的一个实验：在眼睛两边的位置贴上一小块纸。先前的几天里在你看东西时这张纸是有妨碍作用的，等一两个礼拜过后，它就会使你渐渐习惯了，甚至跳出你的视线。这样的经历同样会发生在不得已带上眼镜玻璃有裂缝的人身上，裂缝对他们的妨碍作用也只是在开始的几天里才会有。所以长久的习惯也会使我们发觉不到自己眼睛的盲点。再者由于我们两只眼睛的盲点位置不同，因此它们之间可以相互地弥补对方的缺陷，也就不会再有什么地方可以逃出它们两个共同的视野了。

我们视野里的盲点其实并不小。假如我们用一只眼向 10 米外高大的房屋看去，这个房屋的正面直径大概一米多，相当于一扇窗户的面积都会因盲点的存在而从我们的视野消失。假如整个天空被我们这样看，大概有 120 轮圆月的面积都会消失不见。

图 9-20 看建筑物时，盖住一只眼睛，另一只眼睛的视野里会有一块（C'）与睁着的那只眼睛的盲点（C）有一个对应之处，是我们无法看到的

月亮的大小

我们眼睛里的月亮到底有多大,让我们捎带说一说。月亮在你的眼里到底有多大,假如这样向朋友提问,各种不同的答案都会蜂涌而至。月亮的大小就像是盘子一样,这会是多数人的说法,也有一部分人认为它的大小好似一个盛果酱的碟子,还会有的说像樱桃,或者苹果。"12个人围坐的大圆桌",那是月亮在他眼中的大小,这是一个中学生说过的。月亮的直径是一俄尺①,一位现代的文艺作家非常坚定地说。

同样一个月亮,怎么会有这么多不同的看法和它相对应呢?

人们潜意识里对距离的估计各有差别造成了上面的不同结果。人们把月亮看成苹果,那么他潜意识里月亮和自己的距离一定很近,而看成是盘子和圆桌的人潜意识里的距离就一定会很远。

但是,月亮的大小像盘子,是多数人的认为。一个有意思的结论由此被得出来了。我们可以通过下文讲到的计算方法算一下,我们到底应当把盘子大小的月亮放到距离多远的地方,才可以看到眼中的形状,30米不到就是计算的结果。我们的潜意识里把月亮放到了多么近的地方呀!

没有正确的估计好距离是很多错误产生的根源。我小时候曾有几次视觉上的不正确到现在依旧记忆犹新,那时的我对生活上的所有印象都是感觉新奇的。我一直都生活在城里。还记得我平生第一次见到牛的情景,那是在春天野外郊游的草地上。在我的眼睛里这些牛好像很小的样子,这都是距离估计错误造成的。从此之后,我再也没有见过那样小的牛了,也根本不会有这样的牛。

---

① 一俄尺折合 0.711 米。

天文学家通过我们看天体的夹角来确定天体的视觉大小。如图9-21，那是从我们眼睛看到的两个极端向眼睛引的两条直线组成的夹角，我们称之为视角。度、

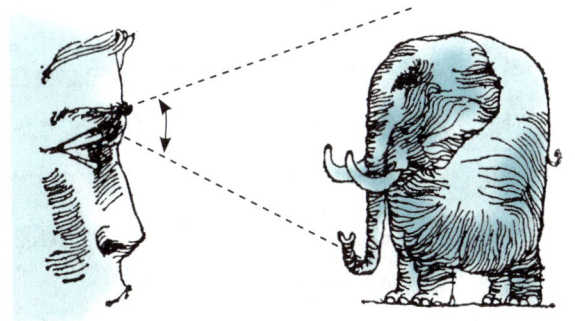

图 9-21 视角

分、秒是视角的计量单位，这是我们都知道的。用它来说月亮的视觉大小等于半度，而不是我们所说的相当于一个苹果或者一个盘子之类的。也就是说，在月亮的两边向我们的眼睛引来的两条直线的夹角是半度。事物的大小只有用视角来计量才不会产生误解，也是唯一可行的。

我们可以通过几何学得知，假如被观察的物体在观察者眼中形成的视角是1度，那么表示物体距离眼睛的长度是物体本身直径的57倍。举例说明，假如一个直径5cm的苹果视角是一度，那么它距离我们的眼睛是 5×57cm。这个度数变成我们眼里月亮的度数——半度，那么距离就要增加两倍。把苹果放到距离眼睛570cm，大约6m的地方，我们就可以说我们眼里的苹果和月亮一样大，只要你高兴。把盘子放到就自己30m远的时候，我们眼里的月亮和盘子就一样大了。假如把一枚一分的硬币放到距离眼睛2m远处，大约是硬币直径的114倍时，月亮都能被它遮挡住了，这可能是很多人不愿意相信的事实。

假如有人要你把自己看的月亮大小在纸上画一个圈来表示，那么这个表述就是有错误的，因为距离眼睛的远近不同，这个圆圈的大小就不同。假如加上普通眼睛的明视距离（大约是25cm）这个条件表述就没有问题了，换句话说就是以我们平常读书写字的距离。

如此，我们就可以计算出月亮的视觉大小，从而知道圆圈的直径有多大。计算方法并不复杂：只要用25cm除以114就可以了。得出的数值不大——略微比2mm要长一点。书本里的注脚大小和它非常的接近。

人们可能无法相信，太阳的视觉大小和月亮一样，0.5°，这是多么小的视

197

角呀!

当我们看了一眼太阳后,有个闪烁的光圈会在我们的视野里停留很长的时间,对这一点我们应当都有体会。它和太阳有相同的视角,我们称之为光的痕迹。但是它的大小不是固定不变的:我们看天空时,它的大小像太阳;但是当移到书本上时,它就是一个直径 2mm 左右的圆圈,如此的太阳大小正好证实了我们的计算是没有错误的。

9.19 天体的视角大小

图 9-22 就是我们按照这个比例画出的大熊星座图。我们在天空中看到的星座图和把这张图被放到明视距离后被我们看的效果是一致的。因此说,这张大熊星座图是用天然视角的比例画出来的。看过这张图之后,就可以把你对这个星座,或者对这张图在你脑子中停留的极深的印象给重新浮现出来,前提是你有过这样的印象。整个的天文图都可以被你用这个天然比例画出来,只要你可以在天文历和诸如此类的教科书中,查出全部星座各主星之间的角距。首先备好上面有 1mm 见方格子的纸张,然后把每个 4.5mm 比作一度就可以画这张图了。应该依照各个星球的亮度,来画圆圈的面积。

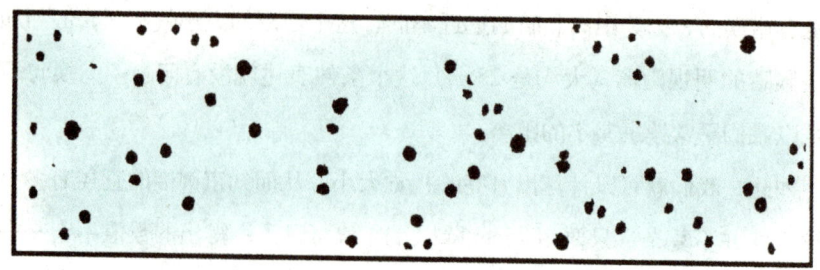

图 9-22 以天然的视角为参照,绘制而成的大熊星座图。它与眼睛应该保持 25 厘米的距离

接下来再说行星。和恒星没有什么分别，行星的视觉大小对于我们肉眼来说也不过是一些小点似的光点。我们应当理解，除了金星的最明亮时期，我们用眼睛看到的所有行星的视角都会在 1 分以内，换句话说，都是在我们可以对物体大小进行分辨的临界视角之内，物体只要是在临界视角之内，在被我们看时都不过是一个小点。

各个行星的远近视角如下表所列，每行里的后面两个数字，前者是距地球最近时的视角，后者是最远时的视角，单位都是秒：

水星	13—5
金星	64—10
火星	25—3.5
木星	50—31
土星	20—15
土星的环	48—35

依照天然比例在纸上画出这些数值是根本不可能的，对于 0.04 毫米这样的长度我们的眼睛是分辨不出来的，而这正是一分视角的明视距离。因此我们画的标准应当是在放大 100 倍的天文望远镜中看到的行星圆面。以此情况画出的行星视觉大小图如图 9—23。月面的视觉圆弧被放大 100 倍之后，就是图下面的那条弧线。紧挨着弧线上面是离地球最近和最远时水星的大小。挨着水星上面是金星，因为离地球最近是金星的背光一面正对着我们，所以我们是看不到的。那像月亮一样的小半圆是在它远离之后，我们才会慢慢看到的，这是最大的行星圆面了。在接下来的位相里，金星的圆圈越来越小，月牙形的 $\frac{1}{6}$ 就

①我们只有在金星成黑点然后又投射到日面的时候才可以看到这个位置，这样的情况并不多见。
②一些新的对火星和其他行星的报道，大多都是通过各种精密的仪表测量获得的。这些都是十分确切，不必怀疑。火星在现代空间技术高速发展的今天，被我们了解得更多了。

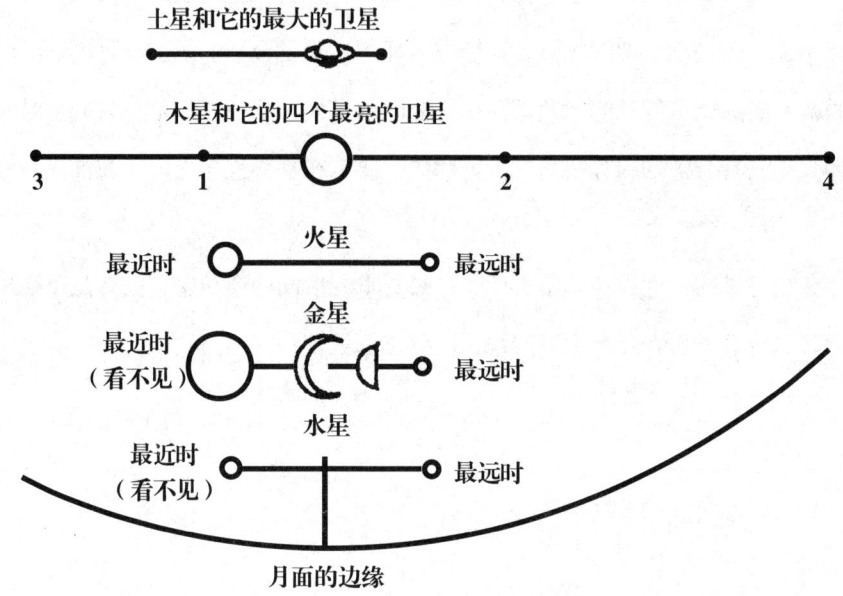

图9-23 在距离眼睛25厘米时,我们在图中看到的这些行星,与100倍天文望远镜中所观察到的这些行星的大小相等

是它的最大直径,也就是它的满轮直径。

火星又在金星的上面。在它离地球最近时,我们用放大100倍的天文望远镜看到的大小就在最左边。你在这样小的圆面上是看不清任何东西的,要想得到天文学家在放大1 000倍的超强天文望远镜看到的火星情景,这个圆圈还要被放大10倍。即便如此,所有的东西还是非常挤,诸如运河之类的细微情节,亦或是火星上海底植物颜色的变化等,我们还是分辨不出来的。难怪总有一些和别人不同的证据会被某些观察者列举出来,亦或是一些人觉得好些东西自己看清楚了,而还有一些人把这解释为光学上的幻觉[①]……

[①] 这样的错觉也会发生在成年人身上。一段出自小说《庄稼人》的话就可以证明,这个小说的作者是格利高罗维奇。"小小的一个手掌就托起了周围的一切景色,紧挨着桥边就是树,此刻的房子、山岗和小桦树林都好像和村子连成了一片。用薜荔比作树木,用玻璃比作河流的小玩意代替了这房子、花园、村庄等一切。"

我们这张图里非常突出的位置被体积庞大的木星和它的那些卫星占据着。除了月牙状的金星外，还没有行星的圆面可以比木星大，月面直径的一半好像都被它并排成一排的卫星占据了。此处是距离地球最近时的木星大小。其次引人注意的就又应当是距离地球最近的土星和它的光环了，另外还有它最大的一颗卫星泰坦。

根据以上的内容读者就可以清楚地知道，我们之所以会觉得一个我们看见的物体非常小，是因为潜意识中估计它和我们的距离一定很近造成的。与之相对的，假如物体在我们的眼睛里显得相当大，那一定是因为我们想象的它和我们的距离大引起的。

爱伦·坡有一篇非常有教育意义的故事，是有关描写错误的，我们下一节会谈到。这个故事虽说是真实的，但乍一看来好像有些令人难以相信。像这样的视觉错误曾经着实惊吓了我一次。像这样的情况，相信读者中好多人一定也在自己的生活中经历过。

9.20 爱伦·坡的故事

我曾经在纽约发生霍乱疫情非常严重的那一年，受一位亲戚的邀请，在他与世隔绝的别墅中过了两个礼拜。在他的别墅里我们原本应该住得很好，但是城里面每天都有令人可怕的消息传来，扰乱我们的生活，让我们无法安住。可是某个熟人病死的消息，几乎每天都传过来。最后几天中，不但将要送来的报纸让人胆怯，即便是从南方吹来的风也充满死亡的气息。幸好那家的主人表现得非常冷静，总是尽力安慰提心吊胆的我们。

一个闷热的天气里，夕阳逐渐西沉，我坐在打开的窗子前面，手里拿着一本书，我并没有把心放在书上，望着窗外河对岸远处的小山，我的心却飞到那个被凄凉和绝望笼罩的城市中去了。忽然抬头，偶尔看到窗外的小山坡上有一个奇怪的东西：一个丑陋的怪物，它快速地从山顶上爬下来，在山脚下的森林里消失。开始，我怀疑自己的理智，至少我觉得是自己的眼睛的问题。但过了几分钟，我确认这不是我的幻觉，当它从山上走下来的时候，我清清楚楚地仔细观察了它。但也许读者们不会相信我对它的仔细描述。

我把这个怪物的大小和一些大树的直径相比较，但最终我确信，这个怪物的大小超过了任何一只战舰。之所以说战舰，是因为这个怪物的形状跟一艘船相似。想要知道这个战舰的轮廓，看一艘装有74门大炮的战舰就清楚了。怪物的嘴巴长在一根有六七十英尺长的吸管的尽头，吸管的粗细和大象的身体相似。一丛丛浓密的茸毛在吸管的根上，两个发亮的长牙从茸毛里探出来，像野猪一样，并向两边与下面弯曲着。它硕大的体积无法比拟。另外有两只透明笔直的大角从吸管两边伸出来，在阳光下闪闪发亮。如果你见过顶端朝地面的楔，就能想象这个怪物的躯干了，有两对翅膀长在它的躯干上面，一对在另一对上面叠着，每个翅膀的长度大约有300英尺，一些直径大概10~20英尺的金属片密集地镶嵌在它的翅膀上。这个可怕的怪物有个主要特点，它下垂的头几乎遮住整个胸部，它黑色的胸部衬着耀眼的白色的头，清楚得好像画出来的一样。

我正畏惧地盯着这个怪物，使劲儿盯着它胸部的可怕的外形的时候，伴随着一声大吼，它忽然张开了大嘴……我的神经彻底崩溃了，随着怪物在森林里消失，我也昏倒在地上……

我醒过来的第一件事，就是把我所看到的说给朋友听，朋友认定这是我精神恍惚后的幻觉，他开始时哈哈大笑，然后神情严肃。

此时，那个怪物再一次出现，我大喊着让朋友一起看，在怪物下山的时候，我对朋友详细地描述了怪物的位置，但他仔细看过之后，仍然什么也没看到。

我用双手捂住脸，当我的手放下来的时候，怪物已经离开了。

当主人问我那怪物的形状的时候，我对他详细描述了一番，他终于从无法忍受的心理重压下释放开来，长吁了一口气。他在书橱旁拿起一本教科书，由于靠窗看书更容易看清里面的小字,所以他招呼我换个地方,他坐下来打开书说:"你对怪物的详尽描述,让我能够给你解释清这是什么东西。书里有一段对昆虫纲鳞翅目天蛾科里某种天蛾的描述,我来读给你听:

'带有薄膜的两对翅膀,有着金属光泽的小鳞片布满整个翅膀,伸展出的下颚形成它的口器,两旁的原始体长着有柔毛的触角,坚固的细毛将上下两对翅膀连接在一起。腹部消瘦,触须像三棱形的突起,头挂在胸部,它的鸣叫充满悲哀,因此,有时候民间认为它象征着灾祸。'①"

读到这,他靠在窗前,将书合拢,他的坐姿与我看到怪物时的姿势一样。

"啊!原来是它啊!"他喊道,"我必须承认他的样子很奇怪,它正沿着山坡向上爬,但它没那么远,也没那么大,不像你想的一样,它正顺着我们窗子上的一条蜘蛛丝往上爬呢。"

9.21 显微镜为什么能够放大?

对于这个问题,人们常常这样回答:"因为正如物理学教科书里说的一样,它会按某个方式改变光线的路径。"但这只是它的原因,不是它的本质,那显微镜和望远镜能够放大的根本原因究竟是什么呢?

我并未从教科书里得知它的基本原因,而是在我小学阶段的时候,偶尔遇到一个想不通的有趣的现象,才理解了。我在关闭的玻璃窗旁边坐着,眼睛朝小胡同对面的房屋的砖墙望去,我发现那砖墙上有一只好几米宽的大眼睛朝我瞪过来,我惊恐地躲开了⋯⋯当时我还没读过上一小节的爱伦·坡的故事呢,我认为这只大眼睛在对面远远的墙上,并没有理解那只是我自己的眼睛在玻璃

---

① 现在这种天蛾归为人面蛾属。它是少数能发出声音的蛾的一种,也是唯一能以口器发声的蛾,它的声音与鼠叫相似,音量大到在几米外都能听到。在本小节中,观察者听到的鸣声一定很大,因为他认定这个声源来源于很远的地方。

窗里的反射像，因此我把它估计得很大。

明白了这是怎么回事儿之后，我想根据造成这种错觉的原理来制造显微镜，但是我的实验没有成功，我这才知道，显微镜能够放大的本质并非是让被观察的物体尺寸看起来大些，而是能让物体的像在我们眼睛的视网膜上占据的位置比较大，这是最重要的一点，这能让我们在比较大的视角里看物体。

为了辅助我们理解为何视角的作用如此重要，我们来看一下眼睛的一个重要特征是什么：对于每个物体或者物体的某个部分来说，当我们在小于一分的视角里看它的时候，在我们的正常眼睛看来，它是聚成一点的，这让我们难以看清它由多少部分构成，也难以看清它的状况。当某个物体的一部分或者全部在我们眼里的视角小于一分的时候，当物体或者其一部分离我们的眼睛远到或者小到这种程度的时候，我们就无法分辨物体在结构上的细节。这是因为，当视角小到这种程度的时候，物体或者物体的一部分在视网膜上的像只能落在一个感觉细胞上，不能同时接触到很多神经细胞，此时我们只能看到一点，形状上的结构和细节都无法看到。

显微镜和望远镜能够起到改变被观察物体所发光线的行进路径，让我们在比较大的视角里看到这个物体。这样，视网膜上的像因为接触到更多的神经末梢而扩大，而物体本来是聚成一点的那些细节也能被我们分辨清楚了。对于"显微镜或望远镜放大 100 倍"这句话，我们应当这样理解：当我们用这类仪器来看物体的时候，视角要比不通过仪器看物体大 100 倍。

如果视角没有被光学仪器放大的话，即便我们看到的物体变大了，事实上却什么也没放大。砖墙上的眼睛确实不小，——但与在镜子里所能看到的细节相比，这个并不能看到更多细节。当月亮在半空中时，虽然不如它在靠近地平线时大，——但与它在高空时的被分辨程度相比，通过这个比较大的月面，我们难道能看到更多、哪怕只是多出来的一个黑点吗？

我们回顾一下爱伦·坡的故事《天蛾》里叙述到的那种放大的情形，我确信，通过被放大的天蛾像，我们依然无法看到新的细节。无论这只天蛾是在近处的窗框上还是在远处的树林里，我们看它时，视角没变，角度相同。无论这个物体的像多么大，它的视角没变，我们也就不可能从中看到新的细节。爱伦·坡是一个真正的艺术家，但是在自己的这个故事中他仍旧是自然的忠实叙述者。是否注意到了他对森林里的"怪物"的描写，他对天蛾肢体的叙述没有新东西，我们用肉眼都能看得到，故事中对天蛾进行了两次描写，通过比较我们会看出，这两次描写只有词语表达的区别（有着大概是 10～20 英尺的金属片——小鳞片有着带色的金属般的光泽；笔直的两只大角——触须；长牙像野猪一样——触角上带着柔毛；等等），在第一次描写里，并没提到肉眼分辨不出的细节。

如果显微镜只有上面所提的放大的作用，那它不过是对科学没有任何用处的玩具。但众所周知，事实并非如此，显微镜推进了我们天然视力的界限，为我们打开了一个新的世界。

俄罗斯科学家罗蒙诺索夫的《谈玻璃的用处》中写道：

虽然自然界将锐利的目光赋予我们，
但这力量的界限必然很近，
我们的目力怎么也难及，
那众多身体微小的生物。
但是在"如今"，那些极小的生物构造被显微镜揭露出来。
那些细小的肢体、关节、心脏、血管和神经，
来维持生命力！
复杂的小蠕虫的构造，
与大海里的巨鲸相差无几……
看不见的微粒由显微镜揭露，
那些身体里的细小血管，真是无穷无尽！

此时我们已经能够清楚地理解：在爱伦·坡故事里，观察者在怪蛾身上看不到的"秘密"，却能通过显微镜看到。因此我们可以明确，显微镜不仅能让

我们看到物体被放大后的形态,也能让我们在视角更大的情况下看到物体。当视角加大,物体的放大的像就能出现在我们眼睛的视网膜上,这像作用在更多的神经末梢时,我的感官也能得到为数更多的个别的视印象。显微镜放大的是在我们眼睛视网膜上的像,而并非物体本身。

视觉上的错觉

我们经常有"视觉错误"、"听觉错误"的说法,但感觉器官不会出现错觉,这一说法是错误的。"感官不是在随时作出正确的判断,而是它根本不作出任何判断,所以它不会欺骗我们。"哲学家康德如是说。

那么,当所谓的"错觉"出现的时候,我们到底是被谁欺骗了呢?当然,那就是判断的执行者——我们的大脑。的确如此,因为我们不但在看,而且看的同时会不由自主地作出判断,所以才产生了视觉错误,我们是在无意中被自己的判断误入迷途的。因此并非感官错误,而是判断出了错。

罗马诗人卢克莱修早在两千年前就写道:

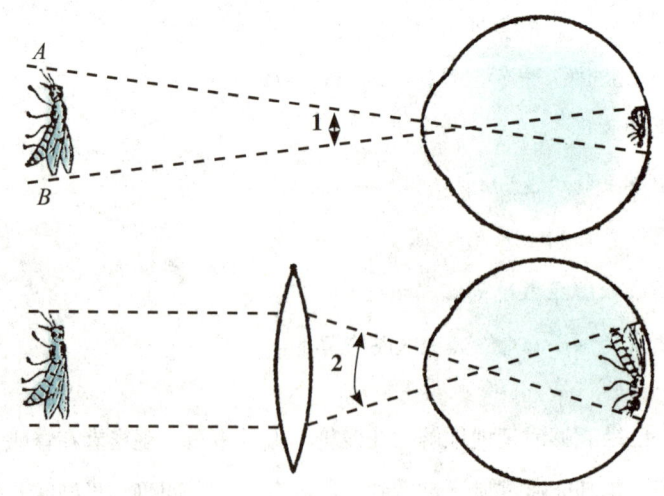

图 9—24 视网膜上物象被透视镜给放大了

我们的眼睛无法识别实在的本质，
不要让眼睛承担心灵的过失。

来看一个关于错觉的众所周知的例子，如图 9-25，里面的 A 好像比 B 要窄点，虽然它们所在的正方形大小相同。因为你不自觉地把各个间隔加起来来估计 A 的高度，所以会把它们看错。所以，与同一个图上与它等长的宽度相比，这个高度好像更大些。反之，你觉得 B 的宽度好像比高度更大些，也是出于这种不自觉的判断。如图 9-26 中，高度看起来好像也比宽度大些，这也是同样的原因。

图 9-25 在这幅图中，看上去是哪边更宽些，是左边呢还是右边

图 9-26 这幅图的宽度与高度哪个更大些

9.23 服装与错觉

如果那些一眼无法立刻看完的大图用上一小节的视错觉来说，我们就会得到其他错觉，这错觉与上一节得到的恰恰相反。我们知道，把有横条的服装给矮胖的人穿上，他们不但不会比原来瘦，反倒比原来显得更胖。反过来，如果把一套有着直条纹和褶皱的衣服给他穿上，他就会瘦点。

我们应该如何解释这个现象呢？来看一下原因：当眼睛看到这样的服装，我们的眼睛会跟着条纹看下去，也就是说我们无法一眼把它看完。我们看视野中难以容纳的大物体时候，我们把它同眼睛肌肉的用力相联系，当眼睛的肌肉用力的时候，物体的条纹方向就会被我们看得过大。如果看条纹较小的图案，眼睛会留在原处不动，眼睛的肌肉也不会因此而疲劳。

9.24 谁更大？

如图 9-27，是下面的椭圆更大些呢，还是上面放在里面的那个更大些呢？你一定会很容易地认定下面那个会比上面更大些。其实这两个大小一样。我们觉得上面那个椭圆比下面那个小，是由于上面那个椭圆被外面的另一个椭圆包围着，所以产生了错觉。

图 9-27 是上方里面的椭圆形大，还是下面的大些

另外，我们会把整个图形看成是立体的——像桶的形状，（我们会不自觉地把这些椭圆看做从远处望见的圆，把侧面的两条直线看做桶壁），我们的错觉会因此而被强化。

如图 9-28，m 和 n 两点间的距离好像比 a 和 b 两点间的距离小，第三条直线从与它们相同的顶点引过来，这个错觉就被进一步强化了。

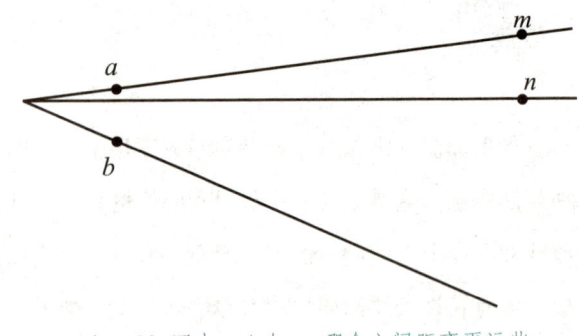

图 9-28 图中，ab 与 mn 哪个之间距离更远些

9.25 想象的力量

就像之前说过的，大多数视错觉，是在我们一边看一边判断的情况下造成的，生理学家说："我们是在用脑子看，而不是眼睛。"如果你的某些熟悉的幻象，是通过把想象力参与到看的过程中得到的，你就会对上面的说法给予支持。

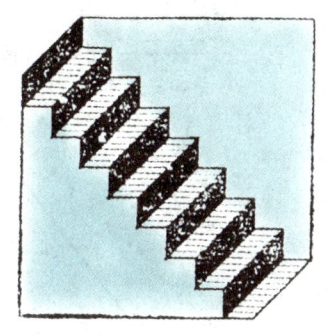

图 9-29 在图中，你看到的是楼梯、壁龛还是弯曲折叠的纸片呢

如图 9-29，仔细读图，如果其他人看到这张图，有的会说这是楼梯，也有的会觉得这是凹入墙里的壁龛被挖出来之后的图形，还有的人会说一块白色方块上放着一条折成手风琴褶壁样子的纸条。这是三种极为不同的答案。

奇怪的是，假如你从不同角度看这张图的话，会发现着三种答案都是正确答案。确切地说，如果你的视线与图的左面相对，就看到楼梯；如果目光的走向是从右到左，就会看到壁龛；如果看图时的视线沿着对角线的方向从右下角看向左上角，就会看到白色方块上的手风琴褶壁的纸条。

如果看的时间过长，注意力开始疲倦了，你的愿望就不起作用了，你会一会儿看到第一个、一会儿看到第二个，一会儿看到第三个，这三种东西就会轮流出现。

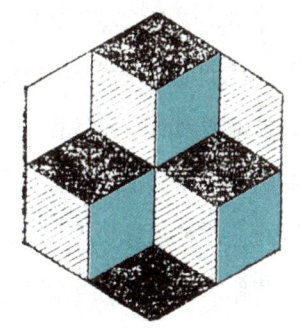

图 9-30 这些立方体的分布情况是怎样的呢？两个立方体是在上面还是在下面

图 9-30 的特点也是如此。

图 9-31 里面有个有趣的错觉，我们会不自觉地感觉 AC 之间的距离要长于 AB 之间的距离。事实上它们的距离相等。

图 9-31 AB 与 AC 哪一段更长些

9.26 再说视错觉

并不是所有的视错觉都能被解释明白的，使我们产生视错觉的原因让我们困惑，我们无法理解我们的脑子里正在进行着哪一种推理。如图 9-32，我们能清晰地看到两条弧线相对着凹出来，对此毫无疑问。但是当你把这张图放在同眼睛一样高的位置看，或者在这两条弧线上放一把尺，你就会发现在这是两条直线，这种错觉很难解决。

我们来看出现同类错觉的其他例子。如图 9-33，看起来图里的直线被分成了长度不等的几段线段，但是量完后我们就知道，原来这是几条等长的线段。如图 9-34 和 9-35，里面的四条平行直线看起来并不平行。如图 9-36，看起来像椭圆的图形其实是个圆。有意思的是，如果在电火花下看让我们产生错觉的图9-32、9-34和9-35，眼睛就不会被欺骗了。很显然，是眼睛的移动让人产生了错觉；但是电火花发光时，眼睛来不及移动。

看这个有意思的错觉，一个"烟斗"的错觉。图9-37中，你觉得右边的短横比较长还是左边的比较长，尽管实际上这两组线等长，似乎左面的一组更长。

解释这些有意思的错觉的说法有很多，但我们不打算在这里提它了，因为这些解释都无法使人满意。但有一种说法认为，这种错觉产生的原因都隐藏在无意识的判断里，大脑不知不觉中的自我炫耀，会让实际情况与我们无缘。这种解释显然是没问题的。

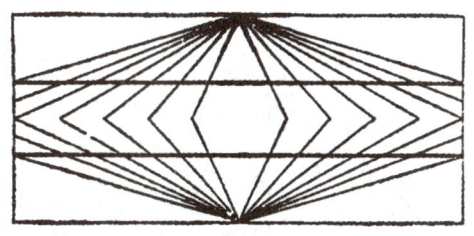

图9-32 图的中间是两条平行的直线。但它们看起来好像两条相对凸出的弧线一样。让这个错觉消失的方法是：(1)把图形调整到与眼睛相同的高度，再顺着线条进行观察。(2)把铅笔的一端置于图上任意一点，然后紧盯着这个点进行观察

图9-33 在这条直线上，被符号分割成的这六小段哪些更长呢

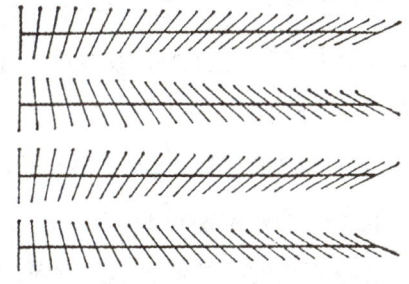

图9-34 这些平行的直线看起来是斜的

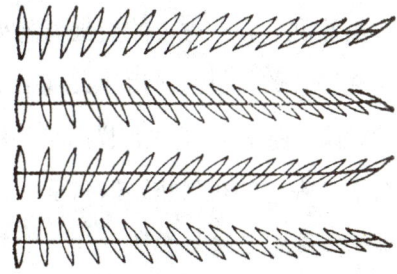

图9-35 与9-34一样，错觉的另外一种形式

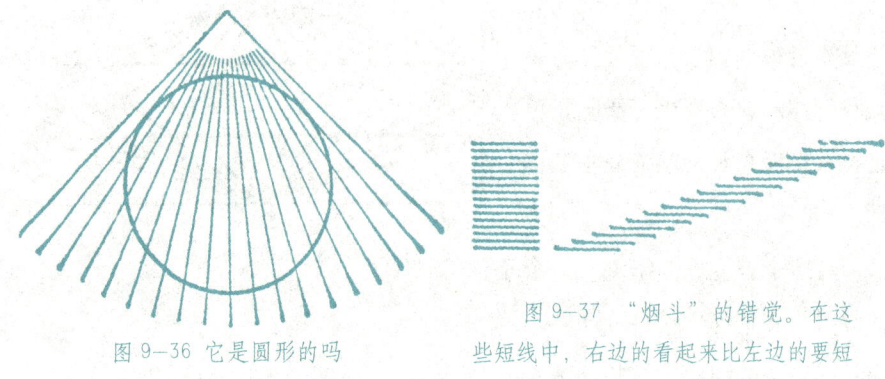

图 9–36 它是圆形的吗

图 9–37 "烟斗"的错觉。在这些短线中，右边的看起来比左边的要短

9.27 这是什么

你能马上猜出图 9–38 里面画的什么吗？你会说："那仅仅是由黑白点做成的格子网罢了。"可是当书被竖在桌子上，你到三四步以外的地方看它的时候，一只人眼就出现在你的视线里。当你靠近一点时，你的视线里出现的又不过是个格子网而已……

也许你觉得这种巧妙的"把戏"是一位天才的雕刻家想出来的。不，当我看铜板图的时候每次都会看到，这只是一个关于错觉的粗浅的例子而已。虽然书上和杂志上的图画看起来是连成一片的，但当你用放大镜来观察的时候，像图 9–38 里那样的格子网就会出现在你的视线里，这只是一张普通的铜版图被放大了 10 倍之后的其中一部分，不是别的图画。不同的是书籍杂志上的图画格子更小，通常情况下，

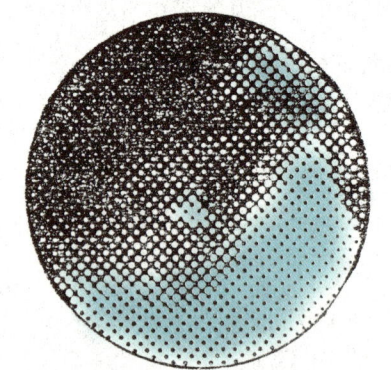

图 9–38 这个网格要从远处看的话，就是一个脸朝右的女子的脸部侧面像，上面画着一只眼睛还有鼻子的一部分

你看书的时候,你近距离看它,会看到密密的一片。这里的格子大,得站在更远的地方,才能得到同样的印象。

9.28 奇怪的车轮

对于跑得很快的火车或汽车,你曾透过栅栏间的缝隙或者在电影上观察过它们的轮辐吗?如果有过观察,一定曾有一种奇怪的现象被你捕捉:汽车的轮子在慢慢地旋转或者压根就没转,但汽车却在飞快地前进。不仅如此,有时候比在电影和栅栏缝隙里看得更清楚:车轮甚至转向相反的方向。

这是种奇怪的错觉,无论谁第一次看到,都会感到不可思议。

因为当你顺着栅栏走,在栅栏的缝隙中间看旋转的车轮时,由于你的视线会每隔一定的时间就被栅栏上的木板隔断一次,所以你每次看到它们有时间间隔,无法连续地看到那些轮辐。你看到的电影里的车轮中间是隔着时间的,是以每秒24张画面的间隔出现的,也不是连续的。

让我们逐个研究可能会发生的三种情况:

第一种情况是,车轮在被隔断的时间里转完整数的转数,只要是整数——这整数是2或20或是其他都不重要。此时车轮条幅的位置在前一张画面的显现与在这一张画面的显现完全相同。时间间隔的长短和汽车的速度不变,那么在下一个间隔里,车轮又转了相同的转数,该转数为整数,轮辐处在跟以前一样的位置,我们会看到轮辐一直都在同一位置上(如图9-39,中间一列),因此我们会觉得这车轮压根就不是转动的。

第二种情况是,车轮除了在每一个时间间隔里转了某个整数转之外,还刚好转了小半转。当这种变换着的画面呈现在我们眼前的时候,整数的转数不会被我们考虑在内,我们看到的是车轮每次转动一周的一小部分,看到车轮转得很慢。所以我们会觉得车轮正缓慢地转动,汽车正飞快行驶。

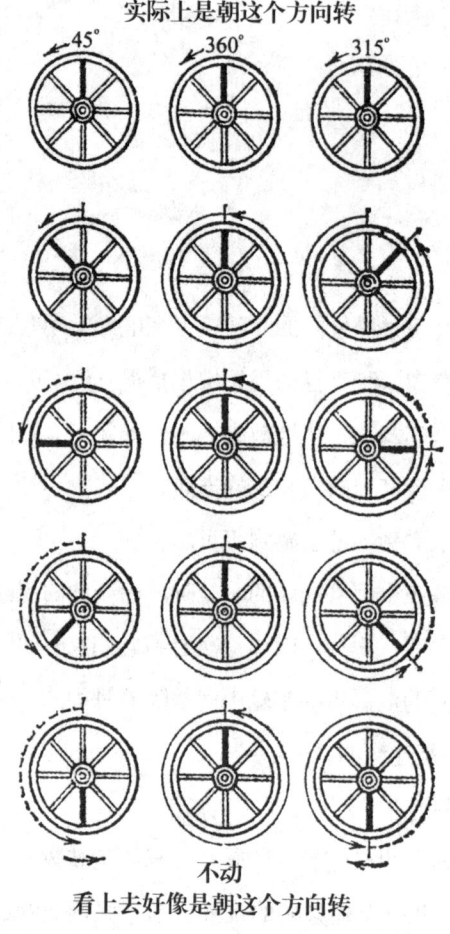

图 9-39 在电影中，车轮怪异运动的原因

第三种情况是，在两次摄像的时间间隔里，车轮距离转完一整转还差一部分，但是接近一整转（如图 9-39 第三列所画，它只转了 315°），这时候我们会产生一种错觉，觉得每一条轮辐似乎都在朝相反的方向旋转，除非车轮改变它的旋转速度。

我们应当对这些解释作一些补充，为了简单化，在第一种情况里车轮被我们假设转了整数转，但车轮上每根条辐数是相等的，因此只要把车轮整数个的轮辐的空隙数转完就足够了。

这也适用于另外一种情况。

所有的轮辐都一个样子，假如轮缘上被我们做上记号，那么有时候另一种现象会出现在我们的视线里：轮辐向一个方向旋转，而轮缘却朝另一个方向旋转。但假如轮辐被我们做上记号，这些记号好像会从一个轮辐跳到另一个轮辐，而轮辐的旋转方向可能会跟记号旋转的方向相反。

当影片拍摄普通场面的时候，这种错觉对人们认识事物的真相影响不大。可是如果想把某种机件的作用放在荧幕上解释，这个错觉产生的误解就会相当严重，甚至整个机器工作的概念会完全被颠倒过来。

银幕上飞速前进的车轮好像不动一样，但细心的观众数过轮辐的数目之后，车轮每秒钟的转数大约是多少就很容易被断定。电影片放映机头的速度普通的为每秒 24 张画面。假如汽车有十二根轮辐，那么每秒钟车轮旋转的转数就是在 $\frac{1}{2}$ 秒转一整圈，或者为 $\frac{24}{12}=2$。不过它的转数可能是这个转数的两或者三倍等，这只是最小的数目。

如果要算出汽车前进的速度，再把车轮的直径估计出来就可以了。假设汽车轮子的直径为 80 厘米，则汽车的速度就有可能是 18 千米／小时、36 千米／小时、或者 54 千米／小时等等。

对于视觉错觉，让我们来解释一下，技术上利用计算旋转很快的轴的转数的根据是什么？事实上交流电的电灯光每隔 1% 秒就会变弱一下，它并不稳定。但这种灯光的闪烁在普通条件下不会被看出来，如图 9–40 的转盘，我们假想用这种光照射该转盘，当这转盘在 1% 秒的时间里转一周的 $\frac{1}{4}$ 时，意外情况就有可能发生：我们只能看到黑色扇形和白色扇形相间着，在普通情况下能看到的均匀的灰色圆盘根本看不到，圆盘好像静止的一样。

研究了汽车轮子的错觉，对这种现象的原因读者一定会明白的，当然读者也很容易想到利用这种现象来计算旋转轴转数的方法。

9.29 技术上的"时间显微镜"

有一种利用电影的"时间放大镜"方法，我们曾在《趣味物理学》前编里提到过，我们将根据上一节讲过的现象说一种可以达到相似效果的方法。

如图 9–40，我们已经了解了，黑白扇形相间的圆盘每秒钟转 25 转，当每秒钟闪烁 100 次的电灯光照射它的时候，圆盘在我们眼里是不动的。现在我们设想光闪烁的次数增加到每秒钟 101 次时，那么黑白扇形就来不及转到相当于原来的位置，圆盘就不会和以前一样在两次光闪的时间间隔里刚好完成 $\frac{1}{4}$ 转了，呈现在视线里的景象是，圆盘好像以每秒一转的转速向后转，闪光一次我

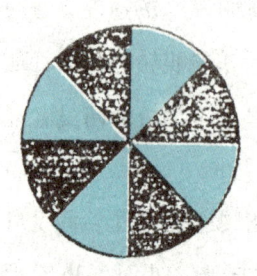

图 9-40 这个圆盘是用来计算发动机运转的速度

们会觉得它落后了一个圆周的 1%，下一次闪烁时，又落后了 1%。看上去该运动好像在以只有原来实际的 $\frac{1}{25}$ 的转速运转。

我们很容易想象，要看到跟实际相同的方向上，而并非相反的方向上的慢运动，应该怎样做了。我们只要减少光闪烁的次数，而不是增加光闪烁的次数，就能做到了。例如，要想让圆盘以每秒一转的速度向前转，只要让光闪每秒 99 次就可以了。

我们有了速度是原来的 $\frac{1}{25}$ 的慢速的"时间显微镜"，但也可能实际的运动会比这更慢。例如：假如将光闪的次数变为 99.9 次／秒，即每 10 秒闪烁 999 次，圆盘的转速则会慢到实际的 $\frac{1}{250}$，那我们就会觉得，圆盘正以每转 10 秒钟的转速旋转。

上述方法适用于每一种速度的周期运动，我们可以使它按照我们希望的速度旋转。研究极快的机件的运动尤其适合这一方法，如图 9-41 测量枪弹飞行速度，就是实际速度的 1%、1‰，我们都能通过"时间显微镜"来实现。①

最后，还有一种由可以精确地测出转盘的转数而得出的方法，这一方法可以用来测定枪弹的飞行速度。在一个用硬纸做成的圆盘上面画上黑的扇形，并做向上转折的边缘，使圆盘呈现为打开的圆筒形盒子的形状。在一个快速转动着的轴上装上这个圆盘，放枪人将枪对准圆盒子的直径，在盒子的边缘打穿两个洞。假设盒子是静止的，那条直径的两头会分别出现一个枪眼。但被对准的是旋转的盒子，因此枪弹在盒子一边飞向另一边的时间间隔里，盒子还会旋转一个角度，所以枪弹打中的是盒子的 c 点，不是 b 点。盒子的直径和转数为已知条件，bc 的弧长也可以知道，根据这些条件，子弹的飞行速度就能够顺利得出了。这个几何问题并不复杂，只要读者对数学略有研究，就能算出结果。

---

①有一种叫"频闪观测仪"的仪器就是根据本节的原理制成的。这是种非常精确的仪器，比如，电子频闪观测仪能够精确到 0.001%。

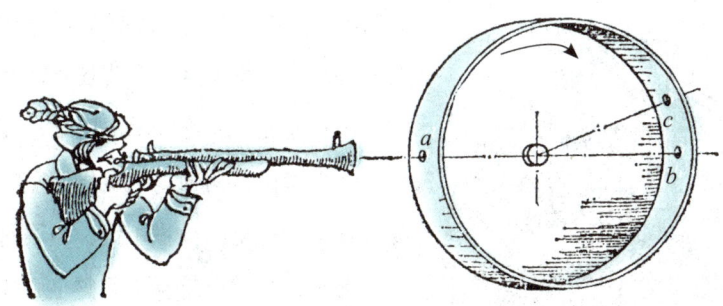

图 9-41 枪弹飞行速度的测量方法

9.30 尼普科夫圆盘

有一种圆盘也是视错觉在技术上的有趣应用,最初的电视装置就使用了这种圆盘——尼普科夫圆盘。如图 9-42,在这块厚实的圆盘边缘附近钻有直径为 2 毫米的 12 个小孔,这些小孔均匀地排列在一条螺旋线上,与圆盘的中心位置相比,每一个孔比相邻的孔近一个孔的位置。如果把这看起来并不特别的圆盘装在一个转轴上,将一个小窗装在它前面,将一张同小窗一样大的画片放

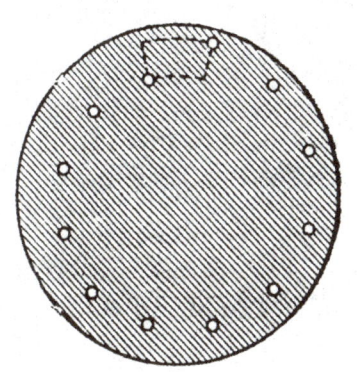

图 9-42 尼普科夫圆盘

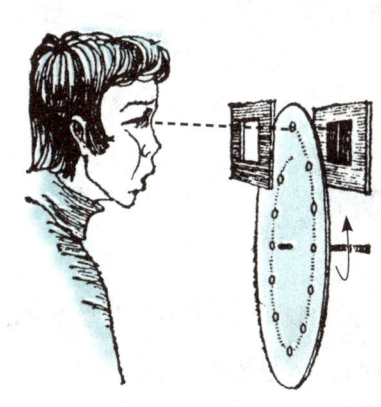

图 9-43 圆盘在转动过程中发生的奇迹

217

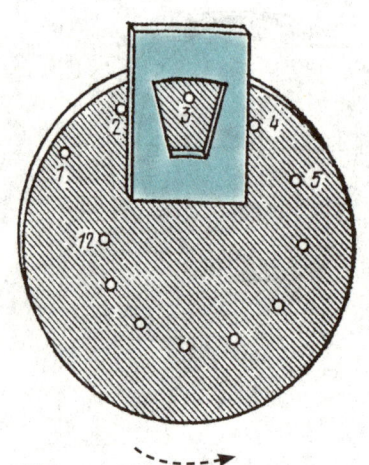

图 9-44 尼普科夫圆盘的原理

在它的后面,当使圆盘迅速转动起来时,将有一种意想不到的现象会出现:圆盘在静止时把画片遮住,当它转动的时候,在小窗前面就能被看得很清晰。当减慢圆盘的转动速度时,画片也变的模糊不清,当圆盘彻底停止转动时,我们也就看不到整个画片了。此时,你看到的画面只是通过那 2 毫米的小孔才能见到的那一点。

为什么圆盘能有这样稀奇的效用呢,我们来研究一下:让圆盘慢速旋转,同时通过小窗,我们仔细看每一个小孔在小窗前通过的情形,走的路线离小窗的上部边缘最近的,是离中心最远的小孔。当圆盘快速运动时,画片上最接近上部边缘的整条画面就能通过小孔看到。第二个小孔低于第一个小孔,当它随着圆盘转动飞速通过小窗时,与第一条画面向连接的第二条画面就出现在我们的视线里面。依次下去,我们通过第三个小孔就能看到第三条画面。因此当圆盘超过一定转速后,整幅画面就会进入我们的视线,就像我们在圆盘上开了一个与小窗同等大小的孔一样。

做一个尼普科夫圆盘并不难。用一条绳子缠在圆盘的轴上拉动,当然,最好是用小型电动机,圆盘的转动速度就会快起来。

 为什么兔子斜着眼睛看东西

人的右眼和左眼的视野几乎能叠在一起。在少数能用两只眼睛看同一物体的生物中,人也是其中之一。

大多数动物看事物体时都是两眼分开的,它们看到的物体轮廓和我们看到

的相同，只是我们的视野要比它们窄得多。如图9-45，画中人的视野为：沿水平方向看过去，每只眼睛都能看到120°的最大角度，而且两个角互相重叠在一起（这是眼睛不动时的情况）。

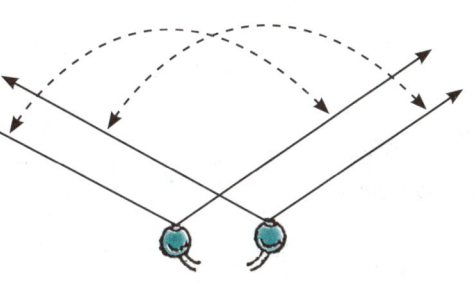

图 9-45 人类两只眼睛的视野范围

比较图9-46和图9-47在兔子头不转动的情况下，既可以看见前面的东西，又可以看见后面的东西。无论是在前面或者后面，它们都能将两眼的视野会合在一起！这就是为什么当我们靠近兔子时很容易就能把它们吓跑的原因。如图所画，我们可以知道，兔子无法看到自己鼻子前面的物体，只有把头侧过来的时候，它才能看见近处的东西。

每一种蹄类和反刍类动物，都具有这种"环"视的能力，这无一例外。马的视野无法在后面会合，但是它将后面的东西看清楚，只要稍稍测一下头就可以。尽管这样看它视野里的物象不太清楚，但是它能将周围很远地方的小动作收归眼底。那些食肉动物，靠袭击别的生物来获取食物，它们虽然行动敏捷，但却不具备环视能力，它们依靠两眼集中看东西的能力来估计距离，并准确跳到目的地。

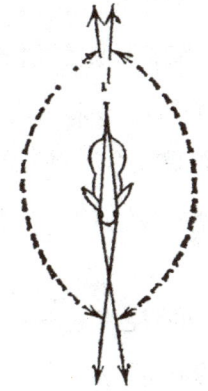

图 9-46 兔子两只眼睛的视野范围

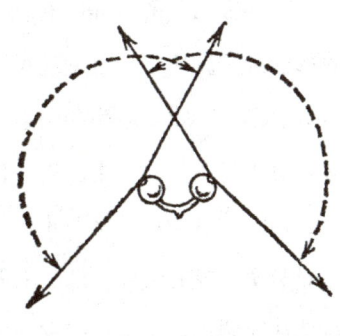

图 9-47 马儿两只眼睛的视野范围

第9章

光的反射、折射、视觉效应

 为什么所有的猫在黑暗中都是灰色的？

因为在没有光亮的情况下，我们看不见任何东西，所有物理学家会说："所有的猫在黑暗中都是黑色的。"但是俗语中所说的黑暗，指的是光线很弱的情况，并不是完全的黑暗。因此"在黑暗里的猫都是灰色的"这句话会更准确。单说其表面意思，不分析其借喻的意思，这句话是说，如果光线不足，视野里的每个表面都是灰色，我们的眼睛无法分辨颜色。

那么红旗和绿叶在昏暗的地方也是灰色的吗？这个说法对吗？其实我们很容易就能证明这一说法是对的。无论是红色的被子、蓝色的壁纸，紫色的花、绿色的叶子，当被黄昏的光线笼罩起来的时候，颜色的差别全都消失了，这些物体多少都以深灰的颜色呈现在人们的视线里。

契诃夫在《信》这一著作里说："当窗帘被放下后，阳光留在外面，如同黄昏一样的光线将大花束里所有的玫瑰花几乎变成了一种颜色。"

契诃夫的这一观察被精确的物理实验充分证实。涂有颜色的墙面被微弱的白光照射后（或白色的墙面被有颜色的弱光照射），随着照明度的逐渐加强，一些简单的灰色就会出现在眼睛里，没有任何其他颜色。如果想看到墙表面的颜色，照明度就得加强到某种程度，照明度的这一阶段被称为"色感觉的下阈"。

这句俗语在多种语言里出现，但在光线低于色感觉阈的时候，所有物体都呈现灰色，因此这句话是绝对正确的。

当照明度过强的时候，所有的颜色表面都以相同的白色呈现出来，眼睛也无法看见其他颜色，这是曾经发现的所谓"色感觉的上阈"。

第10章

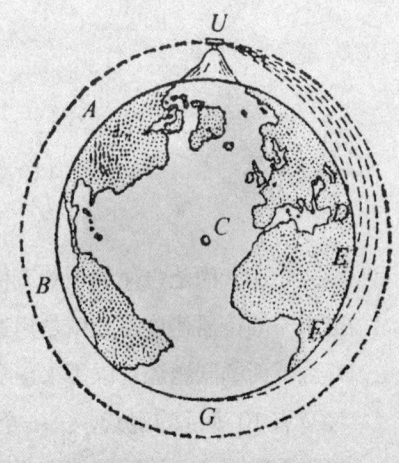

声音和波动

第10章

声音和波动

10.1 声波和无线电波

光速大约是声速的 100 万倍,因为光速和无线电波的速度相等,所以无线电讯号的传播速度也大概是声速的 100 万倍。一个十分有意思的结果产生了,并且下面的问题还可以用来证实这个结果的实质:一个是坐在音乐厅里距离钢琴只有 10 米远的观众,另一个是坐在家中距离音乐厅 100 千米远正在用无线电收听的观众,请回答他们两个谁会第一个听到钢琴声?

听起来一定让人觉得惊奇,第一个听到钢琴声的居然是那个 100 千米以外的听众,虽然他的距离是坐在音乐厅里的观众的 10 000 倍,这是因为传播 100 千米的距离无线电波需要的时间是:

$$\frac{100}{300\,000} = \frac{1}{3\,000} \text{秒}。$$

而传播十米的距离声音需要的时间是:

$$\frac{10}{340} = \frac{1}{34} \text{秒}。$$

根据计算可以得出,钢琴声由无线电传播所需的时间和由空气传播的时间相比,后者是前者的 100 多倍。

10.2 声音追赶不上炮弹

当乘客被儒勒·凡尔纳的月球大炮打出去的时候,发生了一件奇怪的事情,那就是大炮把他们从炮膛里射出去时的声音并没有被他们听到。这其实是非常有可能的。在空气中声音的传播速度都是 340m/s,虽然大炮的声音很大,可是它的速度并不比炮弹速度快。炮弹前进的速度是 11 000m/s。乘客们之所以听不到放炮的声音,是因为声音已经远远落在炮弹后面了,我们应当可以给予理解。①

---

① 现在好多飞机的飞行速度都是超音速的。

有关那想象出的大炮我们暂且不提,此刻说一说货真价实的步枪子弹:声音和子弹的速度那一个更快,我们是不是可以在开枪的同时警告被射击的人赶快躲避?

子弹被现在的步枪发射出来的速度是 900 m/s 左右,大约是空气中声速的三倍。(声音的传播速度在 0℃时是 332 m/s)我们知道,声音的传播速度是不变的,飞行的子弹却是在做减速运动。但是声音的速度在大多数的时间还是超不过子弹的。于是这样一个结论就可以直接得出来,我们对于放枪时听到的枪声,大可不必惊慌,因为此时子弹早已飞离你很远的地方了。另外,被子弹打中了的人,是不会听到发射子弹的枪声的,因为子弹会先于枪声到达他的身体,他会在声音到达之前死伤。

10.3 声音造成的假象

我们的好多结论往往是不正确的,并且是违背事实的,产生这种现象的原因就是飞行物体和它所发出的声音两者之间速度上存在的差异。

比较有趣的例子就是,在我们头上高高飞过的流星或者枪炮的子弹。流星经由宇宙高空穿越地球的大气层,它们的速度是特别快的。即便是速度在被大气阻力减慢了的情况下,它还是有声速的几十倍。

好像是打雷的声响会在流星穿越大气层的时候迸发出来。假定 C 点是我们身体的站立位置,一颗流星正在我们的上空沿着 AB 方向飞行。当我们听到流星在 A 点发出的声响时,流星此刻其实已经飞行到了 B 点。因为声音的速度要比流星飞行的速度慢很多,所以在比 A 点发出的声音更早的到达我们耳朵

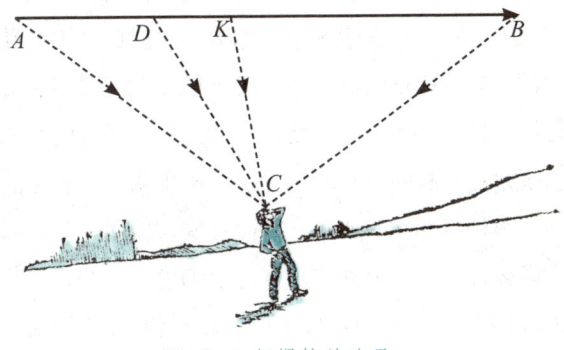

图 10-1 假爆炸的流星

的声音是可以在流星经过的某一点 D 发出来的。这样我们第一次听到的声音就是来自 D 点，其次才是 A 点。比 D 点的声音更迟到达耳朵的是来自 B 点的声音，所以我们有理由相信我们的上空应当存在着某一点 K，我们耳朵最先听到的声音就是来自于此处。这个位置是可以通过计算得出来的，对数学比较感兴趣的人，假如知道流星和声音两者的速度比就可以了。

我们听到的和我们看到的不一致，于是我们得出了这样一个结果。流星的出发点是 A 点，然后以一定的速度沿着 AB 飞行，这是我们眼睛看到的结果。而我们的耳朵听到的却是另外一种景象，流星的出发点变成了 K，之后会同时有两个反方向的声音传入我们的耳朵，它们都逐渐地在减小。两个方向的出发点都是 K，一个向着 A 前进，另一个向着 B 前进。也就是说，流星在我们的耳朵里已经分裂成了两个部分，并且两部分的前进方向是相反的。其实分裂这种事情是根本没有发生的。这是怎样的声音欺骗呀！这样的听觉欺骗一定会给好多人以为流星被分裂的感觉。

10.4 人类的幸运

如果空气中声音的传播速度是比 340 m/s 还要慢很多的数值，那我们还会有更多的听觉错误发生。

例如，声音的速度由 340 m/s 变为 340 mm/s，人的步行都要比这快。如果此时你的朋友来回踱着步和你说话，而你是坐在椅子上来听的，这就会产生很大的问题。通常情况下，你听他的谈话是不会受到踱步影响的。但是在步行比声音的速度快的情况下，对于你朋友的谈话你就一点也听不清楚了。他在远处说的话会和他踱回近处说的话到达你耳朵的时间相同，结果你听到的会是前后混淆在一起的杂乱的声音，听不出明确的意思。

另外假如你的朋友走得比较快，他同一句话的声音到达你耳朵的先后顺序会颠倒过来：你听到的声音是他刚发出来的，之后听到的会是他之前就发出来的。还不止如此，说话的人并没有就此停止说话，而是始终说个不停。这样除非他说的话都像是有回文体，正听倒听都是一个意思，否则你根本不会听懂他说的每一句话。

10.5 谈话中的等待

但是，如果你认为340米每秒永远是声音在空气里的速度，不会变化的话，那么你的看法在读过下面的一段话后就会发生改变。

如果把一个旧时商店里用过的各个房间连接的传话筒，（或是使用在轮船上同机房之间的传话筒。）连接在距离1 000千米的两地，而不用电话。你和你的朋友在通话的时候分别站在线路的两头。你说上一句话，都要等上5分钟、10分钟、15分钟、20分钟或者25分钟才可以听到对方的回话。你可能会以为通话的另一方发生了什么意外吧，你一定会有这样的担心。你的这种担心其实是没有必要的：此时你的话音还在半路上那呢，根本没有到达对方的一端。你的朋友要听到你的问话并作出回答恐怕还要再等上二三十分钟。这还没有计算他的回话到达你这头的时间。所以从你发问等到答复怎么也得需要一个多小时。

验证一下我们的说法：1 000千米是两地间的距离，声音的速度是$\frac{1}{3}$ km/s，所以声音往返两地需要3000秒的时间，约合50分钟。如此我们只需相互地问答十几句话就要耽搁从早到晚一整天了。[①]

10.6 声音的反射

声音不单单可以被坚固的障碍物反射，也可以被一些柔软的障碍物反射，例如云彩。不仅如此，甚至当部分的空气因为某种原因，其传递声音的能力和周围

[①] 声音的振幅会随着距离的增加而减弱的，这是编者省略掉的一点，实际情况是，两端的人是听不到任何声音的。

的不一致时，它也会反射声音的。光学中的全反射现象和这非常相似。声音被一种无形的障碍物反射了回来，这种不知哪里来的回声就会传入我们的耳朵。

在海边做有关声音信号实验的时候，丁泽尔发现了这个有趣的现象。他曾这样的说："声音是被完全透明的没有形体的空气反射回来的，好像是有个魔术师把声音从没有形体的声云中送了回来。"

在空中时常漂浮着这样的声云，和普通的云雾并没有什么特别。这种云或许就漂浮在非常透明的空气里。回声就是这样形成的，在极其透明的空气里就可以发生对声音的反射，这是有悖于大众见解的。声音如此被反射的情况的确存在的，这已经被观察和实验证实了。这样对声音产生反射的情况经常发生在温度不同，或是水蒸气的含量不同的气流中。

正是由于有声音的存在，一些作战当中的怪现象就有了合理的解释。有一个亲身经历了1871年普法战争的人写了回忆录，丁泽尔从中引用了一段：

6日的早晨天空万里无云，特别晴朗。和周五早晨的寒风刺骨并伴有大雾，任谁也无法看到半里路之外的天气真的是大相径庭。今日的宁静犹如世外的桃园一般，使人们都忘记了战争的存在，这和昨天空中充满的杂乱声相比真的是不一样。我们都十分惊诧地相互对望着。整个的巴黎和其中的堡垒、大炮、轰击等都消失得没有了踪迹……坐着汽车我来到了蒙莫兰西，整个的巴黎北郊广阔的全景可以在此尽收眼底。但是这里也是非常寂静，没有了一丝生气……我和三个士兵走到了一起，目前的战争形势成了我们唯一的话题。"从早上起，就再也没有听到过枪响了，现在是不是都坐在谈判桌上了？"他们都这样的认为……

等我又接着前进到了霍涅斯。在这里发生了奇怪的现象，这里的人们告诉我说打早上8点钟起，德国人的大炮声就一直没有断过。在这个时间南方也开始了同样的炮击声。但是这样的炮声我在蒙莫兰西一点也没有听到过呀！……看不见的空气居然造成了这莫大的差别，昨天传递声音的能力很好，但是今天却很差。

在1914至1918年的第一次世界大战中也曾出现过很多类似的现象。

10.7 听觉频率的范围

像蟋蟀的鸣叫声或者蝙蝠的吱吱等特别尖锐的叫声，有很多的人是听不到的。他们的听觉器官——耳朵很好，一点也不聋，但是这样高的声调他们却听不到。对于麻雀的叫声甚至有的人都听不到，丁泽尔这样说。

总得来说，有好多的振动在我们身边发生时，我们的耳朵是听不到的。我们的耳朵根本听不到振动次数低于 16 次／秒的物体振动。同样也听不到振动在 15 000～22 000 次／秒以上的。对于声调被察觉到的最高界限，人和人之间是有区别的，例如 6 000 次／秒就是老年人的最高界限，这比一般的人要低。所以就产生了对于一些刺耳的尖锐声音有的人可以听到，而有的人就根本听不到的奇怪现象。

例如蚊子和蟋蟀发出的声音的振动频率大约是 20 000 次／秒，这些昆虫的声音一部分人可以听到，而另一部分人听不到也是十分正常的。在一些人听的杂乱刺耳的声音，那些对于高音不易察觉的人往往觉得特别的安静。这样的情况，在丁泽尔和他的朋友在瑞士旅游的时候就曾经遇到过。他当时说："昆虫声淹没了大路两边的草地。"这使丁泽尔难以忍受的无比尖锐的昆虫叫声，对他的朋友却没有什么影响，这些尖锐的叫声已经超出他朋友的听觉极限。

相比昆虫的尖叫声，蝙蝠的"吱吱"声要低上一个八音度，所以说空气在这样的情况下振动的频率会降低一倍。但就是这样还是高出了一些人听力的最高界限，因此他们会认为蝙蝠是一种不会发音的动物。

在实验室里巴普洛夫则证明了一种和上面不一样的结果，像这种振动次数在 38 000 次／秒的"超声振动"音调，狗就可以听得到。

声音和波动

现在，比上面说过的振动频率高出很多的看不见的声音——超声波振动频率的振动可以达到10 000 000 000次／秒，已经被动物学家和有关的技术专家发明了。

根据石英片的一种性能，就可以制造出超声波。石英片在被压缩的条件下表面会生电。它是通过特别的方法在石英体上切割下来的。

超声波振动就是石英片生电现象，我们可以使石英片周期性地带电，石英片的表面就会由此而产生振动——它会在电荷的作用下做伸缩运动。我们可以用在无线电技术中运用的与石英片固有频率相同的电子管振荡器来使石英片带电。

我们虽然不可以听到超声波，但是可以把它的作用通过其他比较明显的方式体现出来。举个例子，假如在一个油缸里放入一个震动的石英片，那它的油面就会受到超声波的作用，荡起的波峰就会达到10厘米高，与此同时还会溅起40厘米高的小油滴。用自己的手紧紧抓住一根玻璃管的一端，然后把另一端浸入油缸，我们的手就会被高温烫伤甚至留下伤痕。假如让一根木头和这根玻璃管相接，那么从超声波转化来的热能就会把木头烧出一个窟窿。

超声波正被当代的科研工作者们认真地研究着。各种生物都会在超声波的振动下发生剧烈的变化，例如，它会震裂海藻的纤维，震碎动物的细胞，震坏血球，并且在一二分种内震死小鱼和蛙类。

动物们的体温会在超声波的实验里升高，例如超声波可以使老鼠的体温升高到45℃。无形的超声波还可以结合紫外线来协助医师治病，从而在医药方面发挥重要的作用。

超声波的突出应用是在冶金方面，金属内部均匀与否，是否有气泡和裂缝等缺陷都可以通过它检测出来。只要把金属浸泡在被超声波作用的油里，就可以对它进行透视了。超声波会被金属中不均匀的地方漫射开来，发生一种声音

228

阴影的现象。于是金属不均匀部分的影像就会毫无遮掩地显现在油面之上，我们可以使用摄像机把它拍摄下来。

使用 x 射线根本透视不出的厚度在一米以上的金属，都可以通过超声波来进行透视。不均匀的部分非常微小，哪怕是达不到一毫米，都可以用超声波发现。超声波的应用前途是极其远大的，这点不容怀疑。

10.9 格列佛游记里的声音

电影《新格列佛游记》里的小人们因为喉咙非常小，所以说话的音调都很尖，相反的巨人们的说话声都很低沉。

可是在这部影片的拍摄中，是用的成年演员饰演的小人，用了一个未成年的孩子饰演的比佳。如果这样，他们的声调又怎能符合影片演员的需要呢？对于导演的话，我感到非常吃惊。导演说，拍摄过程中演员们都是用的自己真正的声音说话，但是剧组想出了一种办法，再拍摄的同时运用声音的物理特点使声调被改变了过来。

在拍摄时导演的录音带在遇到小人说话时走得很慢，相对的，在比佳说话时走得很快，但是在放映时用普通的录影带速度走，这样就使得小人的音调变尖了，比佳的声音变低了。

这其实是很容易理解的，对于这样的放映结果。我们之所以听到了小人说话的高声调，是因为它说话声音到达我们耳朵的振动频率要比原来高很多。格列佛的声调所以变低了，是因为他们的说话声音到达我们耳朵的振动频率比原来低了。最后的结果就是，相对于普通人，影片里小人的说话音调要高出五度音符，格列弗·比佳要低出五度音符。

声音就这样被奇特的时间缩放镜改变了。这样的现象也经常的发生在我们用不同于录音速度（一般是 78 转 / 分或 33 转 / 分）来听留声机的时候。

声音和波动

10.10 对开的火车

乍一看,似乎我们要研究的问题与声音、物理学是没有丝毫联系的。但是我们的注意力也要集中一些,这会有助于我们对下一节内容的理解。

这个问题的变化形式非常多样,或许其中的某种形式你已经遇到过了。每天的中午都有一列火车由甲地开往乙地。相同的时间里,乙地也会有一列火车开向甲地。火车路上的行程是10天。请回答:假如你坐在由乙地到甲地的火车上,10天里会遇到对面开来的列车多少列?

10列,是大多数人的回答。有位参加数学会议的数学家在吃早餐的时候,把这个问题给了大家,他从几位学者的那里得到的回答同样是10列。但是10列是个不正确的回答,20列才是正确的答案。因为在你动身坐车之前,路上已经有10列火车在向乙地行驶着了,等你坐上车,甲地还会再次发出10列。

另外,甲地出版的报纸会被每一天在甲地出发的列车带走。假如甲地的新闻令你非常感兴趣,车站上的报纸是不会被你放过的。这样一来,对于甲地的报纸你这10天的行程一共可以买到多少份?

你此刻可以很容易的得出有关这个问题的答案——20份。有20列火车会和你

图10-2 汽笛声是如何的传播的。静止不动时火车声波,用最上面的曲线来表示。而下面的曲线为火车在运动时发出的声波

相遇，它们又都带有出发当天的报纸，因此你看到的报纸也是 20 份，换句话说，你可以在 10 天的旅途里看到 20 天的甲地报纸，平均一天两份。

10.11 汽笛的乐音

假如乐音可以被你的听觉器官分辨，那在你身旁经过的对面驶来的火车上的汽笛音调的高低变化，一定可以被你察觉到。就声音的高低来说，两列火车接近的时候一定会比它们相互离开的时候高很多。假如火车的时速可以达到 50 千米／小时，那就是一个全音程的高低音调区分。

为什么会发生这样的事情呢？

假如你没有忘记振动的次数影响着音调的高低，你就可以很容易地想到答案：上节讲到的问题答案和这个问题非常相似，我们可以比较一下。对面行驶来的火车发出的汽笛声音，从头至尾都有一定的振动频率。但你听到的振动频率，主要区别于你是站立着静止不动，还是对的火车走的，抑或是跟着火车走的，我们的耳朵是有所觉察的。

当火车由乙地开往甲地的时候，你既然看到甲地的报纸数量有所增加，和这一样的道理，同车头汽笛声的振动频率相比，你对着火车走的时候听到的振动次数也一定会增多。这些当然你可以不用考虑了：提高的声调被你直接听到了，增多的振动次数也一定被我们的耳朵听出来了。当背着火车走的时候，降低的声调被我们听到，减少的振动次数自然也会被我们听到。

假如你还是不相信这样的解释，那我们可以对火车汽笛发出的声波传播途径进行直接的研究，这当然是在想象中进行。先是要对火车静止的情况进行研究。为了研究的方便，我们可以假设空气在汽笛声的振动下，只产生了 4 个波动，如图上所示的波状线：汽笛里发出的波在任意的时间段内，会向四面八方传播相同的距离。观察人 A 和 B 会在同一时间里察觉到 0 号波的到来，然后依次是 1 号波，2 号波，3 号波……他们的耳朵每秒钟得到的振动数目也是相同的，他们自然也会听到相同的声调。

但是假如鸣笛的火车变换了行驶方向，发生的情况就截然不同了，那就是

图10-2下面的波状线了。假定在某时间段内，汽笛由点 C′ 传至点 D，完成了4个波段。

此刻，你可以对两组声波的传播进行一下比较。A 和 B 两个观察者会在同一时间察觉到自 C′ 点发出的 0 号波。但是他们不可能在同一时间察觉到自 D 点发出的 4 号波。波到达 A′ 点的时间一定会比到达 B′ 点的时间短，因为 DB′ 要比 DA′ 路线长。同理，1 号波，2 号波，3 号波也是到达 A′ 点要比 B′ 点早，只不过相差的时间没有 0 号波的长而已。这就发生了这样的结果，相同的时间里，站在 B′ 点的观察者收到波的次数一定没有站在 A′ 点的观察者的多。所以 B′ 点的声调也会比 A′ 点的低。我们同时还可以看出，就声音的波长来比较，B′ 点的要比 A′ 点的长。

10.12 多普勒现象

因为刚才的现象是物理学家多普勒发现的，因此我们叫它"多普勒现象"。由于光和声都用波的形式传播，所以这种现象不仅出现在声音方面，在光学方面也能被看到。我们的眼睛能够随着波的次数的增多（在声波方面，我们能觉察到音调变高）觉察到颜色的变化。

天文学家能够根据多普勒定律发现某颗星是在靠近我们还是在远离我们，而且这颗星的速度也能被测定。

在光谱上出现的某些暗线会向旁边移动位置，这一现象帮助了天文学家们。他们之所以能得出惊人的发现，是因为他们仔细研究了天体上暗线移动的方向和距离。比如：我们知道天狼星——天空中最亮的星星，离我们远去的速度是每秒75千米，别看它离开我们这样远，但这颗星的视亮度不会改变，即便再远几十万千米也不会变。正是由于多普勒现象，如果没有它的帮助，也许我们对于天体的运动情况就会一无所知。

物理学真是一门范围很广的科学啊，这一点上述例子足以证明。当长到几米的声波的规律被确定后,在物理学中,这一规律又被应用到短到万分之几毫米的光波上。连那些在广阔无垠的宇宙空间里急速飞行的庞大恒星的运动方向和速度也能用这些知识来测量了。

10.13 一笔罚金的故事

当观察者和声源或者光源彼此靠近或者离开的时候,声波和光波的波长变化也一定会被观察者察觉,这个现象是1842年时被多普勒首先想到的。与此同时,又一个大胆的看法被他提了出来,就是这个原因导致了恒星颜色的各异。在他认为,正是由于恒星巨大的运动速度,所以原本都是白色的恒星,但我们看上去都有了颜色。被缩短了的光波——给了我们绿色、蓝色或者紫色的感觉,高速靠近我们的白色恒星发出来。相反的,黄色、或者红色会是远离我们的白色恒星发出来。

这个想法真的很特别,但这根本是不正确的。恒星的巨大速度必须达到每秒几万千米的时候,由于运动导致的颜色变化才会被我们的眼睛察觉。仅此一项还是不能够的:虽然白色恒星的高速行驶使得紫色替代了蓝色光线,但是蓝色又会替代了绿线,紫外线替代了紫线。红外线替代了红线。可是总得来说,这些不过是光谱的各种颜色位置发生了变动,总和没有发生变化,依旧还是白光的各种组成成分,所以我们眼中的颜色不会发生变化。

和以上情况不同是,恒星光谱中暗线在和观察者作相对运动时的位置变化。恒星的运动速度可以由我们可见的光线推测出来,但这还需要通过精密的测量仪器测量出的暗线位置的移动才可以。

现代物理学家罗伯特·伍德的故事与此类似。伍德有一次开快车闯了红灯,所以交警正要对他开罚单。乌德于是对自己进行辩解说,红色的交通信号灯在被高速行驶的汽车司机看来就变成了绿色。这位交警若懂得物理学,他就应知道，这位科学家的说法如果成立，汽车必须要有非常高的速度才可以，至少是13 500万千米／小时。

计算方法如下：在信号灯发出的光的波长用 l 表示，乌德在汽车里看到的光的波长可以用 l' 表示，汽车的速度由 v 表示，光速是 c，所以根据理论，可以得出关系式是：

$$\frac{l}{l'}=1+\frac{v}{c}$$

我们把所知道的，0.0063mm 是红色光线的最短波长，0.0056mm 是绿色光线的最长波长，300 000 km/s 是光速，全部代入上面的等式，得出：

$$\frac{0.0063}{0.0056}=1+\frac{v}{300\,000}$$

从而得出汽车的速度是：

$$v=37\,500\,\text{km/s}$$

折合后是13 500万千米／小时。假如这位科学家拥有了这样的速度，那他只要1个多小时的时间，就可以从交警的身旁开到太阳了。不用说，交警当然要以超速行驶来惩罚他。

写到这里《趣味物理学》（续编）就结束了，读者已经从中获得了某些简单的科学知识，如果它能引起读者的一种愿望，使读者想在这门广大的科学领域中继续研究下去，那作者的目的就已经达到，任务就算完成，而且可以以满意的心情，将句号加在最后一个字的后面了。